海岸空间开发遥感监测与评估

索安宁　著

科学出版社

北　京

内 容 简 介

本书针对当前我国海岸空间大范围、高强度开发利用的监管技术需求，以海岸空间格局-地表过程耦合理论为基础，创建了海岸空间开发的遥感监测与评估技术体系，旨在通过遥感监测与评估海岸空间格局变化反映海岸开发利用活动过程及特点，为当前我国海岸空间大规模开发利用的监测与管理工作探索技术方法。全书共8章，在分析海岸空间结构、人类开发利用的主要活动和海岸空间开发主要遥感监测数据的基础上，从海岸带陆地、海岸线、围填海、海域使用、滨海湿地、海岛、流域-河口7个方面研究构建了22种海岸空间开发遥感监测与评估技术方法，并就每种监测与评估技术方法选取典型区域开展了实证研究。

本书可供海洋环境监测人员、海域使用监测人员、海洋开发评价人员、涉海规划人员及相关学者参考使用，希望能够为海岸带、海域、海岛、滨海湿地、流域-河口开发利用的动态监管工作提供技术参考。

图书在版编目（CIP）数据

海岸空间开发遥感监测与评估/索安宁著. —北京：科学出版社，2017.4

ISBN 978-7-03-052019-7

I.①海… II.①索… III.①海岸–海洋遥感–评估 ②海岸–海洋遥感–监测 IV.①P715.7

中国版本图书馆CIP数据核字(2017)第047682号

责任编辑：朱 瑾 郝晨扬/责任校对：李 影

责任印制：张 伟/整体设计：铭轩堂

科学出版社出版

北京东黄城根北街16号

邮政编码：100717

http://www.sciencep.com

北京九州迅驰传媒文化有限公司印刷

科学出版社发行 各地新华书店经销

*

2017年4月第 一 版 开本：B5（720×1000）

2025年1月第三次印刷 印张：13 1/2

字数：251 000

定价：118.00元

（如有印装质量问题，我社负责调换）

前　言

海岸空间依陆临海，海陆过渡，生态复杂，资源丰富，交通便利，是全球重要的生态-经济聚集带。近几十年来，随着我国经济社会的快速发展和全球一体化进程的不断推进，我国内陆产业趋海转移，沿海产业蓬勃发展，海岸空间开发利用规模空前强大，自然生态空间日趋压缩，海岸空间格局发生着剧烈而深刻的变化。卫星遥感技术是20世纪60年代兴起的一种新型对地观测技术，被广泛地应用于地表测绘、生态监测、气象观测等许多领域，已成为全球对地观测的基本手段。利用卫星遥感技术，从宏观尺度开展海岸空间开发格局及其变化过程监测，评估海岸资源环境的时空变化态势，是海岸资源环境监测与评估的重要方法，也是科学制订海岸空间规划、实施海岸带综合管理的基本技术。

景观格局–地表过程耦合理论是景观地理学和景观生态学的重要理论方法，是指导海岸空间开发与保护的重要理论依据。海岸景观格局是海岸人类活动过程的外在表现，通过监测与评估海岸景观格局，可以反映海岸人类活动的时空变化特征，揭示海岸人类活动的区域分异规律与发展趋势。当前，我国海岸空间开发利用范围不断扩大、方式不断增多、用途不断多样、强度不断增大，海岸空间开发利用格局日趋复杂，海岸空间遥感监测与评估急需多领域、多视角的技术探索与应用创新。临海工业、临港工业、港口码头、滨海城镇、滨海旅游区依托海岸带陆地区域布局，通过监测与评估这些海岸带陆地区域的开发利用方向和程度，可以揭示区域海洋经济的发展规模、主导产业与发展趋势。潮间带涨潮为海，落潮为陆，具有独特的海陆两栖生态系统特点，是许多海洋生物的集聚区，也是人类海滩休闲娱乐的核心区。围

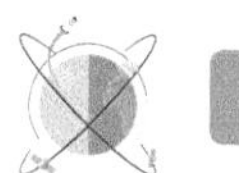

填海造地、围海养殖、围海晒盐、港口码头建设等人类活动大量占用潮间带，导致潮间带逐渐束窄乃至消失，严重影响到潮间带的生态与资源价值，监测和评估潮间带生态系统保护与开发利用现状及其变化过程是潮间带滨海湿地管理的基础工作。潮下带在空间上是相互连通的一个整体海洋水体区域，由河口、海湾、近岸海域等区域组成。潮下带是海洋开发利用（海域使用）的主要区域，主要利用类型有水产养殖、港池、航道、锚地、固体矿产资源开采、旅游娱乐、取排水等，监测与评估海域使用空间格局是落实海洋空间用途管理、海洋功能区划、海洋主体功能区规划等管理制度的重要途径和抓手。

近10年来，作者在国家海洋综合管理技术需求的引导下，一直从事海岸空间开发利用遥感监测与评估方法研究与管理业务支撑，在国家自然科学基金项目“区域海岸景观格局变化的海洋冲淤环境影响机制”（41376120）、海洋公益性行业科研专项项目“海域使用遥感动态监测业务化应用技术与示范”（201005011）、高分专项海域使用动态监测等课题的支持下，先后开展了滨海湿地遥感监测与评估、海岸带土地开发利用遥感监测与评估、海域使用遥感监测与评估、围填海遥感监测与评估、海岛遥感监测与评估、流域-河口环境变化遥感监测与评估等方面的研究探索工作。本书是以上研究成果的凝练与总结，全书共8章，按照海岸空间格局从陆到海的结构次序，依次设置了海岸空间开发与遥感监测数据、海岸带土地开发利用变化、海岸线、围填海、海域使用、滨海湿地、海岛、流域-河口8个方面内容，构建了22种海岸空间开发遥感监测与评估技术方法，以丰富的海岸空间遥感监测与评估技术方法，拓展卫星遥感技术在我国海岸空间监测与评估业务领域的应用广度与深度。

本书在撰写过程中，作者力求做到系统性、前沿性和实用性的有机结合，然而海岸自然空间格局与人类多种活动的耦合机制十分复杂，加之个人涉猎和研究水平有限，书中难免有不足之处，敬请广大读者批评指正。

索安宁
2016年12月于大连凌水湾畔

目　　录

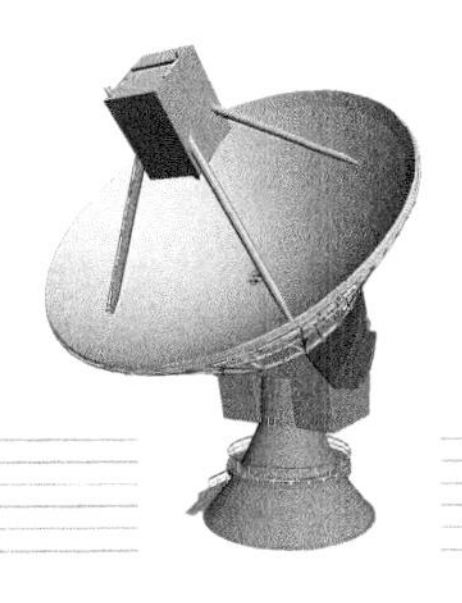

第一章

海岸空间开发与遥感监测数据

第一节　海岸空间结构与特征

海岸带是海洋生态系统向陆地生态系统的过渡区域，是全球最重要的生态交错带。海岸带既受到陆地的河流水沙冲淤影响，又受到海洋潮汐、波浪等水动力影响，同时也受到人类活动的影响，景观类型多样，生态系统结构复杂，人类活动聚集，是海洋综合管理的主要区域。关于海岸带（英文单词通常用 coast）的定义，国内外不同学者对其有不同的界定。陈吉余等（1985）将海岸带定义为潮间带及其向陆和向海的延伸部分（向陆地延伸 10km，向海洋延伸至 10 ～ 15m 等深线）。Carter（1988）在 *Coastal Environment* 一书中将海岸带定义为陆地、水体和空气的交界区域。杨世伦（2003）认为海岸带应包括永久性水下岸坡带、潮间带和永久性陆地带三部分区域，其中永久性水下岸坡带的向海边界是波浪作用的下限；永久性陆地带可以是海岸风成沙丘的向陆边缘，也可以是人工海堤。我国 20 世纪 80 年代初的全国海岸带综合调查范围为向陆地延伸约 10km，向海延伸至 10 ～ 15m 等深线；21 世纪初实施的“我国近海海洋综合调查与评估”专项中设立的海岛海岸带专题调查范围为向陆延伸 5km，向海延伸至 20m 等深线。在人类开发海洋资源能力空前强大的今天，尤其是我国大规模围填海造地的实施，使得海岸带已不能用具体的空间距离来界定，只能用与海洋直接相关的海岸线上下带状区域表示。

海岸是在构造运动、海洋水动力、生物作用和气候变化等多种因素共同作用下形成的，其中构造运动是海岸地势形态塑造的基础，波浪、潮汐、生物和气候等多种作用则是在海岸基本地势形态基础上塑造出的具体地貌形态。波浪作用是海岸地貌最为活跃的动力塑造因素，海岸在波浪作用下不断地被侵蚀，发育成各种海蚀地貌，而被波浪侵蚀下来的碎屑物质由沿岸流挟带，进入波浪作用较弱的岸段堆积，塑造出各种堆积地貌。生物作用在热带和亚热带海岸比较明显，在珊瑚高度发育的海岸，形成珊瑚礁堆积海岸；在红树林和盐沼植物广泛发育的海岸，平静、隐蔽的海岸环境，有利于细颗粒物质的迅速堆积，形成淤积海岸。气候作用主要指因温度、降水、蒸发、风等因素变化，导致海岸线进退、岩石裂崩、物质漂移等海岸变化。第四纪时期的冰期和间冰期相互更迭，引起海平面的大幅度升降和海洋水面时进时退，导致全球海岸处于不断变化过程中。距今

6000～7000年前，海平面上升到现代海平面高度，构成现代全球海岸的基本轮廓，形成了各种海岸地貌。

海岸带是海洋和陆地相互接触和相互作用的集中地带，从波浪所能作用的海域范围向陆地延伸至暴风浪所能到达的地带，宽度为几十米到几十千米。海岸带在空间上一般包括潮上带（海岸带陆地区域）、潮间带、潮下带三个区域，具体空间结构见图1-1。

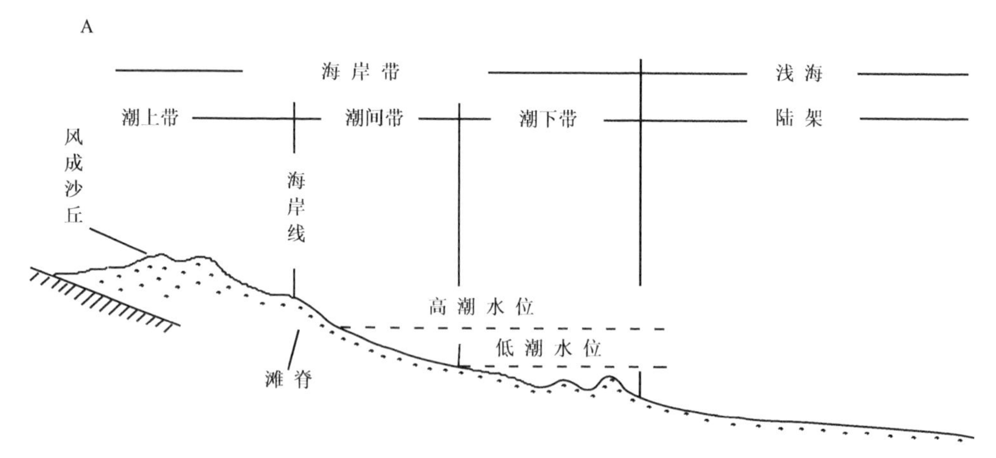

B

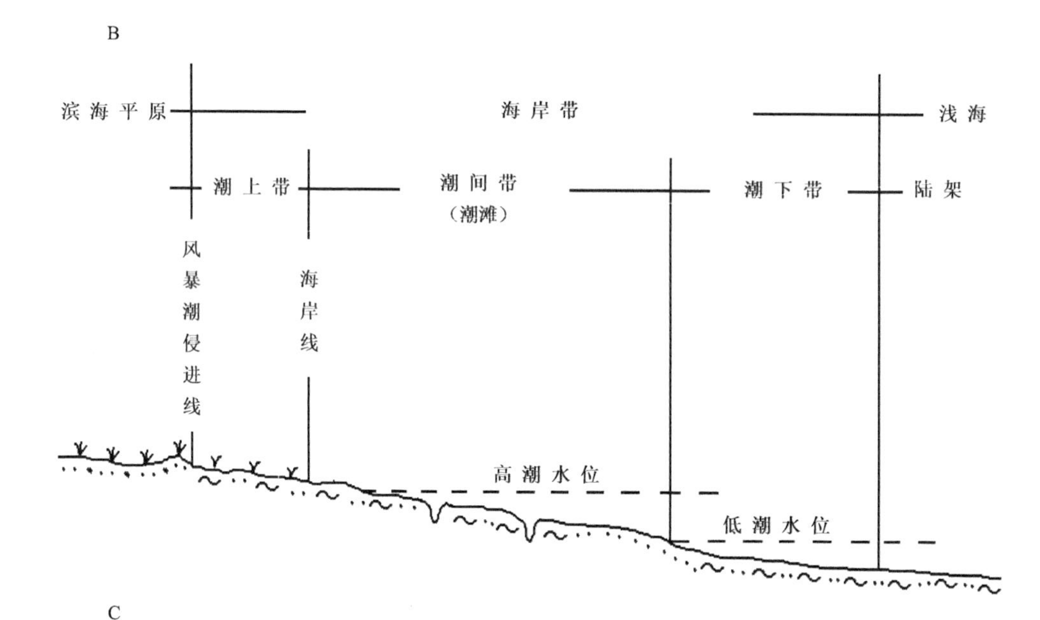

C

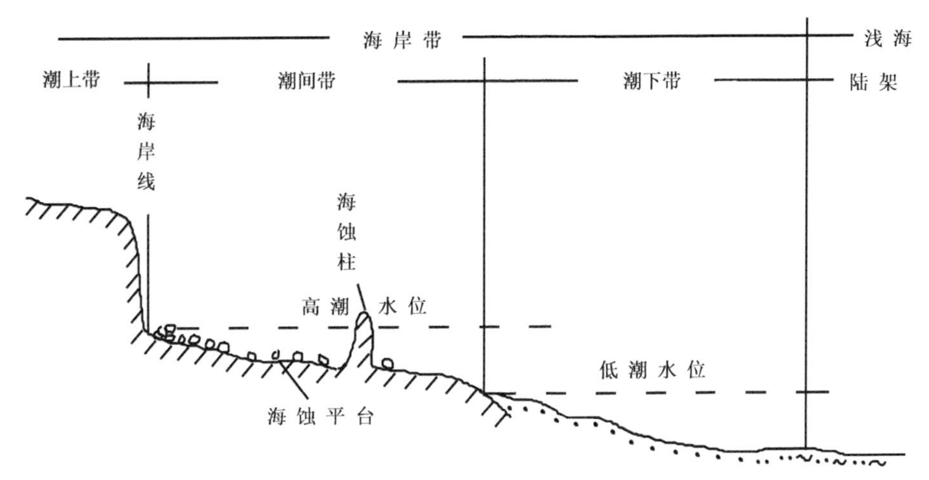

图 1-1　海岸带空间结构图

A. 砂质海岸；B. 淤泥质海岸；C. 基岩海岸

潮上带又称为海岸带陆地区域，一般的风浪和潮汐都无法到达，在极端情况下可能受到暴风浪、风暴潮等海洋作用影响。潮上带在不同底质海岸的地貌形态各不相同，在基岩海岸，陆地的基岩质山地丘陵受海水入侵淹没，使得海岸陆地山峦起伏，奇峰林立，海岸岬角与海湾相间分布，岬角向海突出，海水直逼崖岸，形成雄伟壮观的海蚀崖。在一些海水反复进退的基岩岸段，还存在海蚀阶地、海蚀平台等地貌类型；在砂质海岸，在长期的海洋堆积作用下，形成面积较大、地势平坦的滨海平原，又称为海积平原。海积平原向海前缘多分布有滨海沙丘，滨海沙丘有链状风积沙丘、滨岸沙丘、下伏基岩沙丘和丘间席状沙地等，滨海沙丘多沿海岸线展布，宽度为 500 ～ 1500m，高度多在 20m 以下。丘间席状沙地地势平坦，地表堆积有厚度 1.0 ～ 1.5m 的风积沙层，多为风选极好的细砂。淤泥质海岸多为河流挟带泥沙淤积形成的洪积平原，又称为三角洲平原。三角洲平原地势相对平坦，海岸线平直，河床发育，由分叉河床沉积、天然堤沉积、决口扇沉积，以及低地、潟湖的沼泽沉积等类型组成。随着淤泥质海岸河流沉积作用的增强，在河床中逐渐形成边滩、沙洲，在河口区域形成沙嘴、沙坝和潟湖。

潮间带是海陆相互作用最为集中的区域。在基岩海岸潮间带，由于长期受海浪冲刷侵蚀破坏，一些结构破碎或岩性较软的区域被海浪掏挖成凹进岩体，形成海蚀槽或海蚀洞。海蚀槽或海蚀洞顶部岩体破碎塌落后，海岸后退就形成海蚀崖，原来海蚀槽或海蚀洞底部岩石则成为向海稍有倾斜的基岩平台，称为海蚀平台。从悬崖上崩塌下来的岩块，在被波浪冲刷带走的过程中，逐渐滚磨成碎块，堆积形成相对平坦的海蚀滩。一些海蚀洞顶部岩石侵蚀塌落，洞壁岩石相对坚硬，在长期的海浪冲刷侵蚀作用下形成海蚀柱。一些向海突出的岬角同时遭受到两个方向的波浪作用，使两侧海蚀洞被侵蚀穿透，形成拱门状，称为海蚀拱桥。

海蚀拱桥崩塌后，拱桥向海一端便形成基岩孤岛，孤岛继续被冲刷侵蚀则形成海蚀柱。基岩海岸一般地势陡峭，深水逼岸，掩护条件好，水下地形稳定，多具有优良的港址建设条件，同时奇特壮观的海蚀地貌景观，也为发展滨海旅游业提供了丰富资源。我国基岩海岸长度约为5000km，约占大陆海岸线总长的30%，分布在辽东半岛、山东半岛、浙江、福建、广东沿海，以及台湾岛和海南岛。砂质海岸潮间带底质为结构松散、流动性大的沙砾，来源包括河流来沙、海崖侵蚀来沙、陆架来沙、离岸输沙、风力输沙、生物沉积等。砂质海岸潮间带的水沙动力作用十分活跃，主要动力过程包括波浪作用、潮汐作用、风力等，当向岸流速大于离岸流速时，海滩沙砾物质向岸输移量大于向海输移量，海滩处于堆积状态，发育成沙滩、沙堤、沙嘴、水下沙坝、潟湖等海滩地貌形态；当离岸流速大于向岸流速时，海滩沙砾物质向海输移量大于向岸输移量，海滩处于侵蚀状态，海滩剖面呈凹形，或有侵蚀陡坎。砂质海岸潮间带滩平沙细，水清浪静，是重要的滨海休闲旅游娱乐资源。我国砂质海岸主要分布在辽东半岛、山东半岛和华南海岸三个区域。黄渤海沿岸地形比较平缓开阔，砂质海岸多分布于沿海的中小平原海岸、开阔台地海岸和岬湾之间，长1000km以上；在华南地区，砂质海岸受基岩岬角的影响分布零散，多发育于岬角海湾之间，规模较小，广东和海南两省砂质海岸长达1861km。淤泥质海岸潮间带为范围广阔的淤泥质滩涂湿地，其间散布着大小不一的潮沟体系，形成由潮沟分割和给养的条块状潮滩地貌。淤泥质潮滩自陆向海地势由高变低，地貌形态、冲淤性质和生态环境特征等具有明显的分带性，依次分为高潮滩带、上淤积带、冲刷带和下淤积带4个地带，冲刷带和下淤积带多为裸露泥滩，上淤积带可能会有稀疏的湿地植物发育，高潮滩带会有芦苇、碱蓬、红树林等相对密集的植被发育。河流由中上游挟带而来的大量泥沙在河口区域及沿海堆积，形成河口三角洲前缘滩涂湿地，在河流泥沙来源丰富的情况下，淤泥质滩涂前缘不断向海推进，高潮滩带和上淤积带不断淤高成为陆地，冲刷带和下淤积带淤高成为新的高潮滩带和上淤积带，如此不断淤涨，从而增加陆地土地供给；而在河流挟带的泥沙物质减少或中断的情况下，不但不能形成新的淤泥质滩涂湿地，而且原来的淤泥质滩涂外缘受波浪、潮流的冲刷侵蚀，海岸会不断向陆地方向后退。淤泥质潮滩地势平坦，沉积泥沙细，结构松散，营养丰富，是底栖水产品的主要生产区。我国淤泥质滩涂面积约为2万km^2，主要分布在江苏、浙江、山东、辽宁、福建、广东等平原海岸，其中江苏、浙江是淤涨型滩涂的主要分布区域。

潮下带处于波浪侵蚀基面以上，海水长期淹没的水下岸坡浅水区域。这一区域阳光充足，氧气充分，波浪活动频繁，沉积物以细砂为主，分选良好，磨圆度高，自低潮水边线向海，沉积物由粗逐渐变细。根据海底地形的局部变异，潮下带可分为局限潮下带和开阔潮下带，局限潮下带海底微微下凹，波浪振幅较小，水流较弱，沉积物较细；开阔潮下带与外海直接连接，海底地形微微凸起，波浪

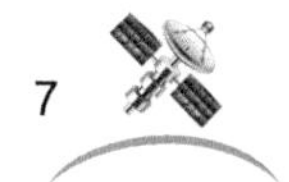

和潮汐对海底沉积物搅动作用大，沉积物较粗，分选及磨圆度均较高。从潮坪及陆架地区带来的丰富养料集聚于潮下带，使潮下带成为海洋生物的集聚带，有珊瑚、棘皮动物、海绵类、层孔虫、腕足类及软体动物等大量发育，行为光合作用的钙藻也大量发育。基岩海岸潮下带地形复杂，凹凸不平，沟槽、暗礁、礁石和岛屿发育良好。砂质海岸潮下带地形相对平坦，局部海岸存在水下沙坝 - 槽谷系统。淤泥质海岸潮下带多为水下三角洲平原，沉积物细腻，富含有机质。

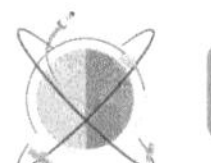

第二节　海岸空间开发利用活动

海岸是海洋开发的前沿阵地，也是人类开发利用地表资源、发展海洋经济的聚集带。据估计，目前全球约有2/3的人口居住在邻近海岸地区，美国沿海30个州集中了全国13个最大城市中的12个和75%的全国人口。澳大利亚约80%的人口居住在近岸地区。我国沿海的长江三角洲、珠江三角洲、环渤海、海峡西岸、北部湾等经济区是我国最重要的人口、经济和社会聚集区。大量的城市和人口集聚于海岸带，加剧了海岸带人类开发利用活动，围海晒盐、围海养殖、填海造地、港口码头建设、滨海城镇建设、临海工业区、滨海旅游区建设等成为当前我国海岸人类活动的主要类型。

围海晒盐：在平坦开阔的淤泥质海岸滩涂，人工围海建设成许多晒盐池塘。这些晒盐池塘由纳潮池、蒸发池、制卤池、结晶池等具有不同功能用途的大小不一的池塘在空间上排列组合成晒盐工艺流程体系，也称为盐田。我国自20世纪50年代开始在沿海滩涂围海建设盐田，围海晒盐面积逐年扩大，从辽东半岛到海南岛我国沿海11个省（自治区、直辖市）均围填形成了许多大小不等的盐场，其中规模较大的有长芦盐场、辽东湾盐场、苏北盐场、海南莺歌海盐场等。1952年全国盐场生产面积约为9万hm^2，至2009年全国沿海盐田利用过的海域面积累计达到72.49万hm^2，沿海围海晒盐海域面积累计增加了63.51万hm^2。围海晒盐主要以顺岸围割为主，其产生的环境效应主要表现为加速了岸滩的淤积。

农业围垦：农业围垦是利用淤泥质滩涂湿地进行围填促淤，经过脱盐，将淤泥质滩涂湿地改造为农田的海岸开发活动，用途以粮食、棉花、油菜种植为主。20世纪60年代中期至20世纪70年代是我国农业围垦的主要时期，以江苏省、浙江省和上海市为主的长江三角洲区域是当时全国农业围垦的重点区域，两省一市的农业围垦面积约为53.30万hm^2。辽宁省滩涂围垦主要集中在辽河三角洲地区和北黄海海岸的庄河市、东港市近岸滩涂区域，全省滩涂围垦面积高达38万hm^2。处于辽河三角洲的盘锦国有农场垦区，就是利用双台子河口水系丰富的淡水资源条件，洗盐改土发展水稻生产，建成了我国沿海最大的国有农场垦区和优质大米出口基地。广东省汕头港从新中国成立初期到1978年共围垦22宗，总面积约为5800hm^2。这一阶段的农业围垦也以顺岸围割为主，但围垦的方向已从单一的

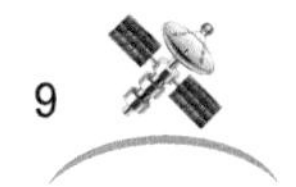

高潮带滩涂扩展到中低潮滩，从河口海岸筑堤围海扩大到堵港围海，同时农业利用也趋向于综合化。处于淤涨型海岸的江苏、浙江等地区是近年来我国农业围垦的主要区域。农业围垦的海洋环境效应主要表现为大面积近岸滩涂生境的破坏与消失。

围海养殖：围海养殖是通过修建堤坝将海岸滩涂和浅水海域分割圈围起来进行海洋水产生物养殖的海岸开发利用活动。我国20世纪80年代中后期到20世纪90年代初开始大规模围海养殖活动，1983年全国沿海围海养殖面积为2.17万hm^2，1988年快速增长到13.57万hm^2，平均每年约增加围海养殖面积2.28万hm^2。90年代后期围海养殖面积增长放慢，21世纪初期，又兴起了新一轮围海养殖热潮，到2002年全国围海养殖面积达到25.61万hm^2。1983~2002年的20年中，全国围海养殖面积约增加了23.43万hm^2，平均每年增加围海养殖池塘面积1.17万hm^2。围海养殖主要发生在低潮滩和近岸海域，养殖对象最早以对虾养殖为主，对虾最高产量达到了15万～17万t，既为国家外贸出口增加了大量外汇收入，又丰富了国内市场供应。21世纪以来，北方的辽宁，山东沿海围海养殖转向海参、鲍鱼等海珍品养殖。围海养殖的环境效应主要表现为大规模的人工增殖使水体富营养化问题突出。

填海造地与临海工业城镇建设：填海造地就是将海域围割填充成为土地，为工业城镇发展拓展空间。进入21世纪，随着我国沿海地区社会经济的快速持续增长，伴随着城市化、工业化和人口向海岸带集聚趋势的进一步加快，土地资源不足和用地矛盾突出已成为制约沿海地区社会经济发展的主要问题。在这种背景下，我国掀起了大规模围填海造地热潮，从北方的辽宁省到南方的海南省，我国东南沿海各省（自治区、直辖市）都实施了规模不等的围填海造地工程，目的是建设工业开发区、滨海旅游区、新城镇和大型基础设施，拓展沿海地区生产和生活空间。据《国家海域使用管理公报》统计分析，2002~2013年年底，全国确权围填海造地面积为11.09万hm^2，出现了渤海湾、辽东湾、北部湾、瓯江口、江苏滨海等面积达上万公顷的大规模围填海造地区域，开发建设成天津滨海新区、曹妃甸循环经济示范区、辽滨沿海经济区、海南洋浦经济区等许多集港口、临港工业、滨海城镇为一体的沿海经济发展示范区。填海造地围填和占用了大片滨海湿地和近岸海域，破坏了自然海岸线和滨海湿地的生态功能。

港口码头建设：港口码头建设是在深水岸线通过修筑码头装卸平台，浚深水域形成港池、锚地和航道，建设货物堆场及道路交通系统，供船舶停泊、游客上下、货物装卸、堆放及外运的海岸开发利用活动。码头装卸平台多为直立式混凝土堤坝或高桩式、浮式构筑物平台，港池、锚地和航道需要维持一定的水深条件以满足各种规模船舶停靠、泊驻、航行。港口码头按照用途分为货运、客运、军用、渔港、旅游娱乐等类型，按照码头平面布局分为顺岸式码头、突堤式码头、挖入式码头、“T”形码头、“L”形码头、“F”形码头和蝶形码头等多种形式。港口码头建设一般跨潮上带、潮间带和潮下带，潮上带多修建堆场、仓库、道路及港口管理等基础设施，一些土地紧缺区域采用围填海造地修建堆场、仓库及其他基础设施；潮间带一部分被围填修筑成码头堤坝和装卸平台，一部分被疏浚成为港池，直立式码头堤坝直接伸入深水区，导致潮间带空间全部消失；潮下带基本全部浚深为港池和锚地，部分水域也被码头、堆场建设占用，导致潮下带生境彻底改变。21 世纪以来，大型石化和钢铁基地向沿海转移带动了沿海港口深水化、大型化的发展步伐，我国沿海港口万吨级泊位已由 2000 年的 499 个，增加到目前的 1500 多个，港口码头海岸线已超过 600km。据相关规划统计，2011 ～ 2020 年，全国共规划港口岸线总长度达 2251km，占全国大陆海岸线总长度的 12.51%，成为改变海岸线自然状态最主要的人类活动。

海水养殖：海水养殖是利用浅海、滩涂、海湾等海域空间进行饲养和繁殖海洋经济动植物的海洋开发利用活动。海水养殖根据养殖方式分为底播养殖、网箱养殖、浮筏养殖和围海养殖等多种类型。底播养殖主要使用海洋底床，尤其是滩涂，撒播人工培育的经济底栖动物幼苗，使其自然长成并收集利用的养殖方式。底播养殖主要利用潮间带和潮下带海洋底土和海床空间，主要养殖对象有扇贝、鲍鱼、海参、海胆等。网箱养殖是通过制作网状箱笼，放置于一定水域，进行经济水产动物养殖的养殖方式。网箱养殖主要集中于潮下带浅水海域，大型深水网箱网深可达 50m，养殖对象主要为鱼、虾类。浮筏养殖是利用浮子、绳索等制作固定于海底的浮筏，使海藻、经济海洋动物幼苗等固着在吊绳上，悬挂于海水中的养殖方式。浮筏养殖多集中于 20m 以浅的潮下带海域，养殖对象有海带、紫菜、裙带菜、贻贝、牡蛎等。围海养殖前面已有叙述。2012 年，全国海水养殖总产量达到 1551.33 万 t，产值达到 1931.36 亿元，包括底播养殖、网箱养殖、浮筏养殖在内的开放式养殖确权用海面积达到 249.91 万 hm^2，占全国海域使用确权总面积的 52.92%，是规模最大的海洋开发利用活动。大规模海水养殖增加了海水中的营养盐，容易诱发赤潮、绿潮等自然灾害。

第三节 海岸空间遥感监测数据及处理

1972 年，美国发射了陆地卫星（Landsat）序列中的第一颗卫星 Landsat1，为了保持地球影像的长期连续记录，Landsat 遥感卫星持续发射，2013 年 Landsat 卫星发射到 Landsat8，其中 Landsat6 发射失败。Landsat 卫星轨道是与太阳同步的近极地圆形轨道，Landsat1，2，3 重复周期为 18 天，Landsat4，5，7，8 重复周期为 16 天。Landsat1，2，3，4，5 搭载 MSS 传感器，Landsat4，5 搭载 TM 传感器，Landsat7 搭载 ETM 传感器，Landsat8 搭载 OLI 传感器和 TIRS 传感器。法国于 1986 年发射了地球观测卫星（Systemepour Pobservation de la Terre，缩写为 Spot）序列卫星中的第一颗卫星 Spot-1，1990 年和 1993 年分别发射了 Spot-2 和 Spot-3，1998 年发射了 Spot-4，2002 年发射了 Spot-5，2012 年和 2014 年又分别发射了 Spot-6 和 Spot-7。Spot 卫星采用太阳同步准回归轨道，重复周期为 26 天。Spot-1，2，3 卫星搭载 HRV 传感器，具有多光谱 XS 和 PA 两种模式，全色波段具有 10m 空间分辨率，多光谱波段具有 20m 空间分辨率。Spot-4 搭载的是 HRVIR 传感器和一台植被仪。Spot-5 搭载两个高分辨率几何装置（HRG）和一个高分辨率立体成像装置（HRS）传感器。1999 年，美国发射了世界上第一颗小型高空间分辨率商业遥感卫星 IKONOS，卫星搭载的 CCD 数字相机能够拍摄 1m 空间分辨率全色遥感影像和 4m 空间分辨率多光谱遥感影像，开始向全世界用户提供清晰、准确、及时、安全的卫星遥感影像服务。2000 年以来，美国发射的高空间分辨率光学商用遥感卫星还包括 2001 年发射的 QUICKBIRD-2、2007 年发射的 WorldView-1、2008 年发射的 GeoEye-1 等。欧洲航天局发射的欧洲遥感卫星 ERS-1，搭载有雷达测高仪在内的一系列遥感仪器。其他代表性的遥感卫星还有日本于 2006 年发射的 ALOS 遥感卫星，全色波段空间分辨率 2.5m；德国于 2007 年发射的 TerraSAR-X 雷达遥感卫星，空间分辨率为 1.0m；加拿大于 2007 年发射的 Radarsat-2 遥感卫星，全色波段空间分辨率为 3.0m；德国于 2008 年发射的 RapidEye 遥感卫星，全色波段空间分辨率为 5.0m 等。

我国从 1975 年成功发射第一颗返回式卫星开始开展卫星遥感地面观测，1988 年成功发射风云一号 A 卫星（FY-1A），1997 年成功发射风云二号 A 卫星

（FY-2A），1999 年成功发射中巴地球资源一号卫星（CBERS-1）、2003 年成功发射中巴地球资源二号卫星（CBERS-2）、2007 年成功发射中巴地球资源卫星 02B 星（CBERS-02B）。2000 年，航天清华一号微型卫星（HT-1）成功发射。2006 年我国开始发射遥感系列卫星，2015 年年底已发射到遥感二十九号星。2005 年我国从英国引进了“北京一号”小卫星，全色波段空间分辨率为 4.0m；2008 年发射了环境与灾害监测预报小卫星星座 A/B 星（HJ-1A/B）；2010 发射了天绘一号遥感卫星（TH-1），全色波段空间分辨率为 2.0m；2011 年开始发射资源系列遥感卫星，其中资源一号 02C（ZY-02C）全色波段空间分辨率为 2.36m，资源三号卫星（ZY-3）全色波段空间分辨率为 2.10m。2012 年发射了实践九号 A/B 卫星（SJ-9A/B）。2013 年 4 月我国开始发射高分系列遥感卫星，目前已发射 7 颗。高分系列卫星覆盖了从全色、多光谱到高光谱，从光学到雷达等多种类型，构成了一个具有高空间分辨率、高时间分辨率和高光谱分辨率能力的对地观测系统。21 世纪以来，分辨率优于 5m 的高空间分辨率卫星遥感技术快速发展。截至 2014 年年底，全球共有 13 个国家的 30 多颗光学商业高空间分辨率遥感卫星，最具代表性的有美国的 IKONOS 和 QuickBird、日本的 ALOS 等。

卫星遥感技术的动态、宏观、及时，以及能够得到同一地区不同时间段上影像序列等优点，结合计算机快速处理海量数据的特点，是传统调查及监测方法无法比拟的。海岸空间开发遥感监测方法主要是针对不同时相的遥感影像数据进行组合、融合来发现和提取海岸空间的开发变化信息，并结合实地调查对监测变化信息进行核实。

海岸空间卫星遥感监测的通用技术方法如下。

1）卫星遥感影像配准与几何精校正

卫星遥感影像配准与几何精纠正就是利用卫星遥感影像与各种相关图件或实地之间的同一地物点（控制点）建立几何线性变换模型，对卫星遥感影像进行空间位置配准与纠正的工作。常见的卫星遥感影像配准和几何纠正方法有一阶多项式仿射变换、二阶多项式变换（双线性变换、齐次方程）、三次多项式等。以一阶多项式仿射变换为例，公式如下：

$$u=a_0+a_1x+a_2x \tag{1-1}$$

$$v=b_0+b_1x+b_2y \tag{1-2}$$

式中，u、v 为输出数据像元坐标；x、y 为输入数据像元坐标；a_0、a_1、a_2、b_0、b_1、b_2 为转换系数。它可以对卫星遥感影像的平移、旋转、偏斜，以及长宽比例差异等常见的影像变形进行校正。

在卫星遥感影像配准和几何纠正过程中，一个重要的问题是重采样选择，重采样就是从卫星遥感影像上再进行采样，以构成经过纠正或几何变换的新影像。

方法一般采用的是最邻近法、双线性内插法和立方卷积法。其中最邻近法能够保持影像的波谱信息不变，但是移动了像元的空间位置；双线性内插法使影像的波谱信息发生变化，空间位置比较准确，但容易造成高频信息（如线条或边缘）的损失；立方卷积法是双线性内插法的改进，能够尽可能减少影像的高频信息损失。

2）不同分辨率卫星遥感影像的融合

由于不同传感器所获取的信息具有不同的特点，特别是对于海岸空间开发变化信息的发现和提取，各种尺度分辨率（时间、空间、波谱分辨率）显得尤为重要。一般根据卫星遥感影像在融合处理流程所处的阶段，以及所作用的对象不同，可以把影像融合分为三个层次：像元级融合、特征级融合、分类（决策）级融合。像元级融合有比值及加权融合等；特征级融合有 HIS、PCA、高通滤波、小波变换融合等，分类（决策）级融合是最高层次的融合技术，主要利用 Bayes 分类、神经网络分类、模糊算法分类等技术分类，分类（决策）级融合目前正处在起步阶段，许多工作只是研究阶段的尝试，但这种方法将是今后融合技术的主要发展方向。

3）卫星遥感影像的增强处理

提取海岸空间开发变化信息，融合后影像的增强处理也非常必要，它不仅可以进一步改善影像的视觉效果，而且能够增强专题信息，特别是卫星遥感影像的纹理信息。本质上来说增强处理的目的就是突出影像中有用的信息，扩大不同影像特征之间的差别，提高人眼对影像的解译和分析的能力。卫星遥感影像的增强处理可分为：①按照主要增强的信息内容，即波谱特征增强、空间特征增强、时间特征增强；②按处理的运算波段，即单波段处理、多波段处理。一般采取的影像增强处理方法有直方图调整、反差扩展增强、彩色增强与平衡、USM 锐化、色调饱和度调整、比值与差值变换、PCA 分析（K-L 变换）增强等。以 PCA 分析变换增强为例，它是在统计特征基础上的多维正交线性变换，目的是把原来多个波段的有用信息集中到数目尽可能少的新的组分影像中，并使这些组分影像之间互不相关，即各自包含不同地物信息，大大减少总的数据量。

第二章

海岸带陆地开发利用遥感监测与评估

第一节　海岸带土地利用变化遥感监测与评估

土地作为人类社会经济发展的主要载体，其开发利用的结构变化不仅反映了人类改造自然、保护生态环境的能力与水平，而且反映了区域经济发展的模式与方向。海岸带土地既是海洋经济发展的主要依托，也是维护海洋生态环境的重要屏障，在海洋资源开发与环境保护中具有举足轻重的作用。随着全球经济一体化、人类活动趋海化进程的不断推进，海岸带日益成为工业、城镇、交通等产业发展的聚集带。海岸带土地利用是各种人类活动在海岸带地表空间的外在表现，通过监测与评估海岸带土地开发利用，一方面可以反映海岸带地表空间的状态与变化过程，揭示人类活动改变海岸带地表空间格局的特征；另一方面可以从宏观尺度反映海岸带资源环境禀赋及其开发利用的区域差异，为海岸带开发利用与保护的相关规划 / 区划、管理政策制度的制订提供参考依据。

一、海岸带土地利用变化的遥感监测方法

1. 遥感监测数据

遥感数据包括：20 世纪 80 年代获取的 Landsat TM 卫星遥感数据、20 世纪 90 年代获取的 Landsat ETM 卫星遥感数据和 21 世纪初获取的中巴地球资源一号卫星（CBERS-1）CCD 卫星遥感数据，以上卫星遥感影像数据成像清晰，云干扰范围小于 10%，能完全覆盖监测与评估的海岸带的全部范围，成像季节最好为每年的 5 ～ 10 月。参考数据包括：空间分辨率为 2.5m 的 Spot-5 卫星遥感影像，行政区划数据和 1 ∶ 50 000 基础地理信息数据，以及 Google Earth 上的卫星遥感影像。

2. 解译标志建立和土地开发利用信息提取

海岸带土地利用类型多样，不同土地利用类型的遥感影像特征既有差异，又有相似之处。为了突出遥感影像中的有用信息，需要对遥感影像进行增强处理，提高遥感影像的可解译性。将卫星遥感影像的绿波段、红波段、近红外波段进行

多波段乘积法真彩色融合和影像拉伸增强等处理，经过遥感影像技术处理，影像颜色层次分明，对植被和水体反映清晰和明显。植被呈现绿色，水体呈现蓝色或黑色，水产养殖斑块与盐田斑块形状明显，盐田呈现由白到青灰色调，宜于区分耕地、草地、林地、水产养殖池塘和盐田等海岸带土地利用类型。海岸带主要土地利用类型在卫星遥感影像中的色调总结见表 2-1。

表 2-1 海岸带不同土地利用类型在卫星遥感影像中的色调

地表类型	波段			
	2（绿色）	3（红色）	4（蓝色）	合成真彩色
浑浊水体	深灰色	深灰色	灰黑色	紫褐色
清澈水体	灰黑色	灰黑色	暗黑色	深蓝色
草地	灰色	暗灰色	灰白色	浅绿色
裸地	浅灰色	灰白色	灰白色	褐色
建设地	灰色	浅白色	浅灰色	暗灰色
湿地	深灰色	浅白色	灰色	深褐色
耕地	灰色	灰黑色	浅白色	浅绿色或深褐色
林地	浅灰色	暗灰色	浅白色	深绿色

根据海岸带土地利用变化监测的目的和要求，建立适合的土地利用分类体系及其遥感影像解译标志，海岸带主要土地利用类型包括林地、耕地、盐田、芦苇沼泽、养殖池塘、河流、滩涂、建设地、灌丛、裸地、草地等，以上土地利用类型的遥感影像解译标志具体见图 2-1。

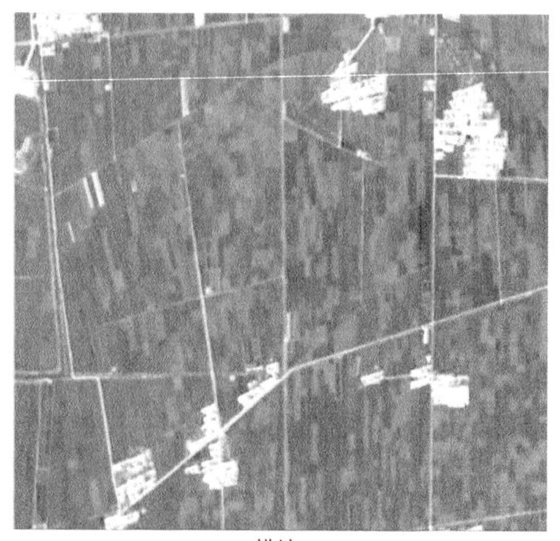

耕地

建设地

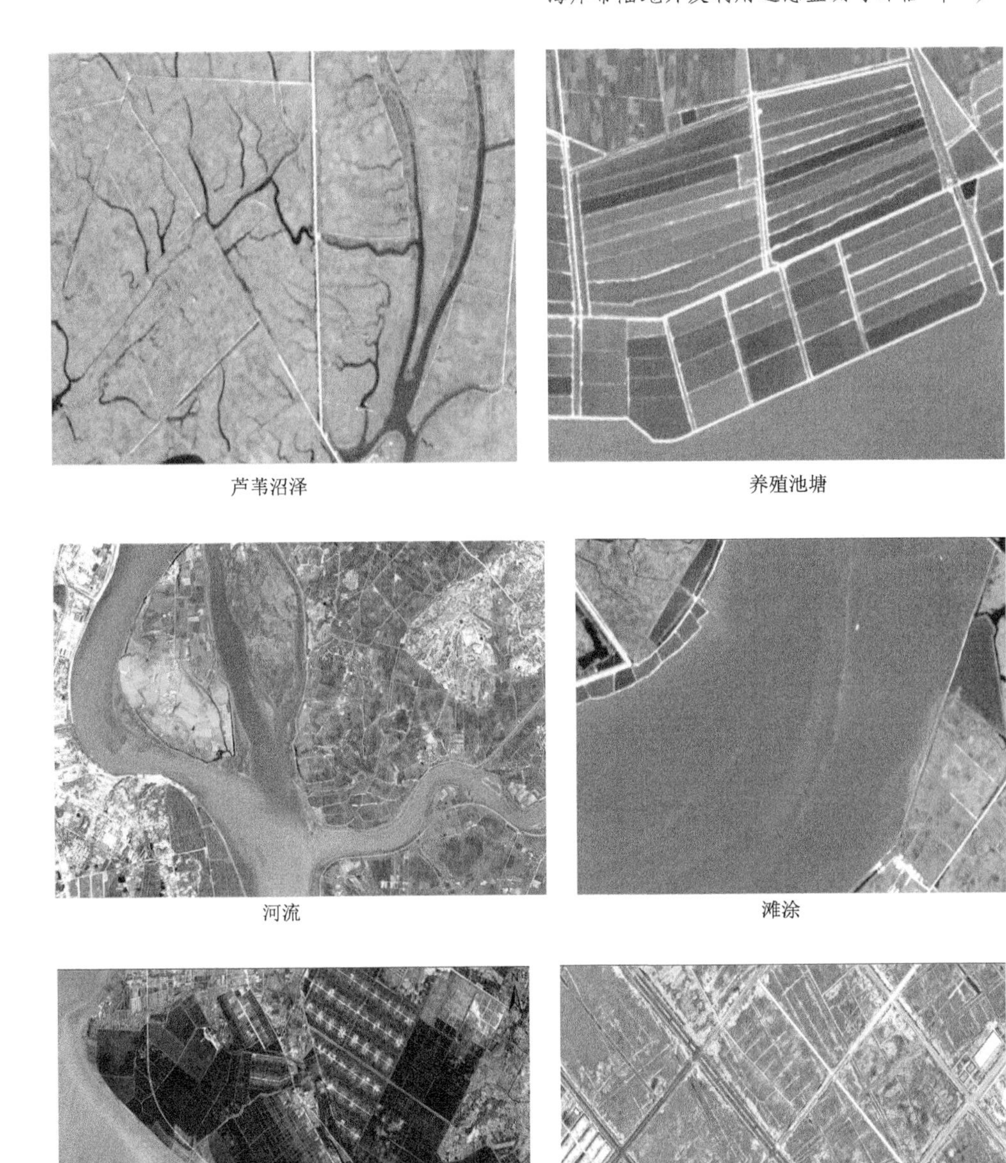

芦苇沼泽　　养殖池塘

河流　　滩涂

盐田　　草地

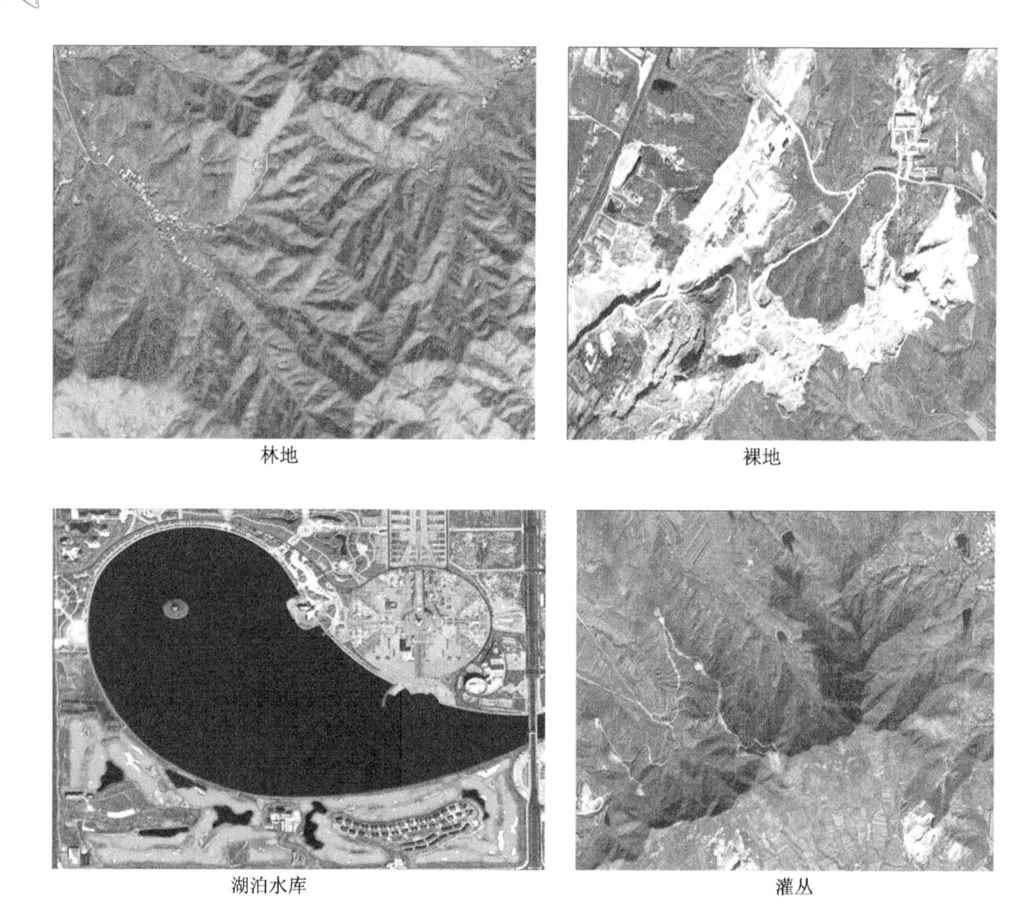
林地 裸地
湖泊水库 灌丛

图 2-1 海岸带主要土地利用类型遥感影像解译标志

建立解译标志之后，首先以 21 世纪初的 CBERS-1 卫星遥感影像作为底图，创建并叠加矢量图层，人机交互解译 21 世纪初的海岸带土地利用类型，解译形成线状矢量文件后，转换成面状矢量斑块，建立多边形的拓扑关系，并进行检查和修正，标注土地利用类型属性。利用手持全球定位系统（GPS）现场实测的土地利用类型数据点进行解译精度检验，对于精度达不到 85% 的区域结合 Spot-5 卫星遥感影像进行修改完善。将修改达标的海岸带土地开发利用矢量数据与矢量行政界线叠加，增加行政区域属性，然后计算每个斑块的面积与周长。以 21 世纪初的海岸带土地利用矢量数据为基础，叠加 20 世纪 90 年代的 Landsat ETM 卫星遥感影像为底图，对影像上的变化区域进行修改和调整，对于有疑点的区域采取查询相关资料与咨询相关人员的办法进行核实，修改形成 20 世纪 90 年代的海岸带土地利用矢量数据。最后以 21 世纪初的海岸带土地利用格局矢量数据为基础，叠加 20 世纪 80 年代的 Landsat TM 卫星遥感影像为底图，对影像上的变化区域进行修改和调整，对于有疑点的区域查询、参考 20 世纪 80 年代完成的海岛海岸带调查成果和咨询相关人员的办法进行核实，修改形成 20 世纪 80 年代的土地利用矢量数据。采用同样的方法，将修改完善的海岸带土地开发利用矢量数据与矢量行政界线叠加，增加行政区域属性，分别统计 20 世纪 90 年代和 20 世纪 80 年代海岸带土地利用数据每个斑块的面积与周长。

二、海岸带土地利用的评估方法

1. 海岸带土地利用主体类型的确定及主体度计算

由于区域自然地理环境、社会经济发展导向等原因，一个区域土地开发利用往往会以某一种或多种类型为主，形成主体土地利用方向。为了表示一个区域土地利用的主体类型和主体度，以土地利用类型面积比例作为划分主体类型的依据。如果一个区域某一土地利用类型面积比例大于 50%，则该土地利用类型为单一主体结构；如果一个区域有两种或两种以上土地利用类型的面积比例大于 20% 而小于 50%，则该土地类型为这两种或两种以上土地利用类型组成的二元、三元、四元结构；如果一个区域所有土地利用类型面积比例都小于 20%，则无主体结构。

为了表达某一主体土地利用类型在区域土地利用结构中的优势程度，本节构建了描述区域土地利用结构的一个指标——土地利用主体度。土地利用主体度采用相对面积与相对斑块密度作为计算依据，具体计算方法如下：

$$M_i = \frac{A_i + P_i}{2} \tag{2-1}$$

式中，M_i 为第 i 种土地利用主体度；A_i 为第 i 种土地利用类型的相对面积；P_i 为第 i 种土地利用类型的相对斑块密度。

2. 海岸带土地利用强度指数

海岸带土地利用一方面反映了海岸带社会经济发展对土地开发利用的程度，可揭示海岸带社会经济发展的总体水平；另一方面反映了海岸带土地开发利用的总体秩序，可揭示海岸空间开发利用与保护总体布局的实施效果。为了表征一个区域海岸带土地开发利用强度状况，本节构建海岸带土地利用强度指数 LE 如下：

$$LE = \sum_{i=1}^{n} W_i X_i \tag{2-2}$$

式中，LE 为海岸带土地利用强度指数；W_i 为第 i 种土地利用类型的开发利用强度权重；X_i 为第 i 种土地利用类型的面积比例；n 为评估土地利用类型的数量。土地利用强度权重分配主要依据专家经验法，同时参考了指标的重要性。海岸带土地利用强度权重分别如下：养殖池塘（0.60）、建设地（1.00）、水库坑塘（0.60）、河流（0.20）、灌丛（0.20）、滩涂（0.20）、盐田（0.60）、耕地（0.60）、草地（0.20）、裸露地（0.20）、道路（1.00）、林地（0.20）、芦苇沼泽（0.20）。

三、环渤海海岸带土地利用变化遥感监测与评估实证研究

1. 近30年环渤海海岸带土地利用变化

表2-2为近30年环渤海海岸带主要土地开发利用类型面积比例变化。在20世纪八九十年代，水产养殖池塘面积比例增加较大的有盘锦市17.69%、锦州市16.96%和沧州市14.44%，而潍坊市面积比例减少最大，为13.99%。建设地面积比例在多数区域都出现增加，以天津市、沧州市和营口市面积比例增加较大，分别为7.10%、4.66%和4.27%。盐田面积比例以滨州市和潍坊市增加最多，分别为45.72%和15.28%，面积比例减少最多的是沧州市，为8.83%。耕地面积比例变化都比较小，较大的秦皇岛市和大连市耕地面积分别减少了3.70%和3.56%。芦苇沼泽主要分布在黄河三角洲区域和辽河三角洲区域，面积比例减少最多的分别为锦州市的9.51%和东营市的7.58%。滩涂面积萎缩比例最大，在滨州市面积比例减少了55.21%，在盘锦市面积比例减少了19.88%，另外，在东营市、锦州市、沧州市和天津市海岸带也分别减少了13.49%、12.89%、10.75%和10.46%。

表2-2 环渤海海岸带主要土地开发利用类型面积比例变化 (%)

区域	20世纪八九十年代					20世纪90年代至21世纪初				
	水产养殖池塘	建设地	盐田	耕地	芦苇沼泽	水产养殖池塘	建设地	盐田	耕地	芦苇沼泽
烟台市	0.01	0.07	0.25	2.20	0.11	−1.79	2.60	3.66	−3.38	−0.25
潍坊市	−13.99	0.00	15.28	−1.98	2.01	−9.66	0.85	17.63	−0.59	−6.15
东营市	7.56	0	4.12	−0.10	−7.58	14.96	0	1.00	−0.61	−17.58
滨州市	5.32	0.83	45.72	0	−2.03	28.28	−0.72	−21.83	0	0
沧州市	14.44	4.66	−8.83	0.56	0	−2.03	9.47	−7.55	−0.21	0
天津市	−3.27	7.10	3.09	−0.99	−0.62	−2.07	7.69	−9.32	3.81	0
唐山市	1.95	0.44	1.00	0.20	0	2.19	0.76	−0.20	−2.78	0
秦皇岛市	2.94	2.09	0	−3.70	−0.09	3.58	0.04	0	−2.92	0
葫芦岛市	0.71	0.65	0.59	−2.13	−0.45	−0.16	0.08	0.54	−2.66	0.16
锦州市	16.96	1.21	3.76	0.32	−9.51	4.76	0.01	−0.62	−2.82	−0.83
盘锦市	17.69	−0.09	0	1.58	−1.50	1.08	0.02	0	10.15	0.03
营口市	1.00	4.27	0.74	−2.58	−1.28	1.03	1.05	−0.40	−2.48	0
大连市	0.94	0.80	1.68	−3.56	−0.32	1.82	0.20	−0.41	1.17	0

在20世纪90年代至21世纪初，水产养殖池塘面积比例增加较大的为滨州市的28.28%和东营市的14.96%，潍坊市减少比例最大，为9.66%。建设地面积比例以沧州市和天津市海岸带增加较多，分别为9.47%和7.69%，其他区域建设地面积比例变化都在2.60%以内。

2. 近30年环渤海海岸带土地开发利用主体类型与主体度的变化

表2-3为近30年环渤海海岸带土地开发利用主体类型与主体度的变化，可以看出环渤海海岸带13个区域中，烟台市、葫芦岛市海岸带土地利用结构一直保持耕地单一主体类型结构，耕地主体度也一直保持在较高的0.34以上，农业耕作土地开发利用主体地位一直比较明显。潍坊市海岸带土地利用结构由20世纪80年代的养殖池塘-盐田二元结构发展为20世纪90年代的盐田-养殖池塘二元结构，到21世纪初发展为单一的盐田主体类型结构，盐田主体度也从20世纪80年代的0.23，增大到20世纪90年代的0.33，再增大到21世纪初的0.39，盐田利用主体地位越来越明显。锦州市海岸带土地开发利用由20世纪80年代的耕地单一主体结构转换到20世纪90年代的耕地-养殖池塘二元结构，到21世纪初发展为养殖池塘-耕地二元结构，耕地主体度也随之由20世纪80年代的0.23，降低到20世纪90年代的0.22，再降低到21世纪初的0.19，相反养殖池塘的主体度增加到了0.21。受养殖池塘面积增加的影响，东营市海岸带和盘锦市海岸带土地开发利用结构都由20世纪80年代的芦苇沼泽-滩涂二元结构、滩涂-芦苇沼泽二元结构发展为21世纪初的养殖池塘-芦苇沼泽二元结构，滩涂主体类型地位消失，东营市芦苇沼泽的主体度也由20世纪80年代最大的0.47降低到21世纪初的0.23。天津市海岸带土地开发利用结构由20世纪80年代的盐田-养殖池塘二元结构发展到20世纪90年代的盐田单一主体结构，21世纪初受天津市滨海新区开发的影响，土地利用结构又发展为盐田-建设地二元结构。滨州市海岸带土地开发利用结构20世纪80年代为滩涂单一主体结构，20世纪90年代发展为盐田单一主体结构，21世纪初发展为盐田-养殖池塘二元结构。沧州市海岸带土地利用结构20世纪80年代为盐田-养殖池塘二元结构，20世纪90年代和21世纪初发展为养殖池塘-盐田二元结构，盐田的主体度不断降低，而养殖池塘的主体度不断增大。大连市、营口市、唐山市和秦皇岛市海岸带土地利用结构分别为耕地-林地、耕地-盐田、养殖池塘-盐田、耕地-建设地二元主体结构，近30年土地利用主体结构没有发生大的变化，主要表现为主体度的不断降低。

表 2-3 环渤海海岸带土地开发利用主体类型及主体度的变化

区域	20 世纪 80 年代		20 世纪 90 年代		21 世纪初	
	主体类型	主体度	主体类型	主体度	主体类型	主体度
烟台市	耕地	0.39	耕地	0.35	耕地	0.39
潍坊市	养殖池塘 盐田	0.32 0.23	盐田 养殖池塘	0.33 0.25	盐田	0.39
东营市	芦苇沼泽 滩涂	0.47 0.25	芦苇沼泽 滩涂	0.39 0.14	养殖池塘 芦苇沼泽	0.30 0.23
滨州市	滩涂	0.50	盐田	0.46	盐田 养殖池塘	0.32 0.29
沧州市	盐田 养殖池塘	0.29 0.27	养殖池塘 盐田	0.32 0.22	养殖池塘 盐田	0.34 0.18
天津市	盐田 养殖池塘	0.27 0.24	盐田	0.27	盐田 建设地	0.24 0.25
唐山市	养殖池塘 盐田	0.32 0.20	养殖池塘 盐田	0.28 0.20	养殖池塘 盐田	0.27 0.19
秦皇岛市	耕地 建设地	0.29 0.29	耕地 建设地	0.23 0.20	耕地 建设地	0.20 0.24
葫芦岛市	耕地	0.37	耕地	0.35	耕地	0.34
锦州市	耕地	0.23	耕地 养殖池塘	0.22 0.19	养殖池塘 耕地	0.21 0.19
盘锦市	滩涂 芦苇沼泽	0.25 0.24	养殖池塘 芦苇沼泽	0.22 0.18	养殖池塘 芦苇沼泽	0.22 0.17
营口市	耕地 盐田	0.23 0.12	耕地 盐田	0.20 0.12	耕地 盐田	0.20 0.12
大连市	耕地 林地	0.30 0.21	耕地 林地	0.25 0.20	耕地 林地	0.29 0.19

3. 近 30 年环渤海海岸带土地利用强度的变化

图 2-2 为近 30 年环渤海海岸带土地利用强度指数的变化，20 世纪 80 年代，葫芦岛市、天津市、烟台市和秦皇岛市海岸带土地利用强度指数都在 1.90 以上，其中葫芦岛市海岸带最大，为 1.97。而东营市、滨州市和盘锦市海岸带土地利用强度指数较小，分别为 1.14、1.28 和 1.30。20 世纪 90 年代和 21 世纪初环渤海 13 个区域的海岸带土地利用强度都呈现出增加趋势，其中增加最大的为滨州市，土地利用强度指数由 20 世纪 80 年代的 1.28，增加到 21 世纪初的 1.86，增加了 0.58，利用强度增加主要发生在 20 世纪 80 年代至 20 世纪 90 年代之间。其次为盘锦市，土地利用强度指数增加了 0.31，也主要发生在 20 世纪 90 年代及以前。东营市、沧州市、锦州市和天津市海岸带土地利用强度分别增加了 0.27、0.25、0.25 和 0.23，其中沧州市、锦州市和天津市海岸带土地利用强度增加主要发生在 20 世纪 90 年代及以前，而东营市海岸带土地利用强度变化主要发生在 20 世纪 90 年代至 21 世纪初。其他 7 个区域的海岸带土地利用强度指数的增加都在 0.10 以内，其中潍坊市和营口市海岸带土地利用强度指数都增加了 0.09，而大连市和葫芦岛市海岸带土地利用强度指数仅增加了 0.04。可以看出，土地利用强度指数

可以客观地量化反映海岸带土地利用强度的变化态势，是评估海岸带土地开发利用强度动态变化的一个有用指标。

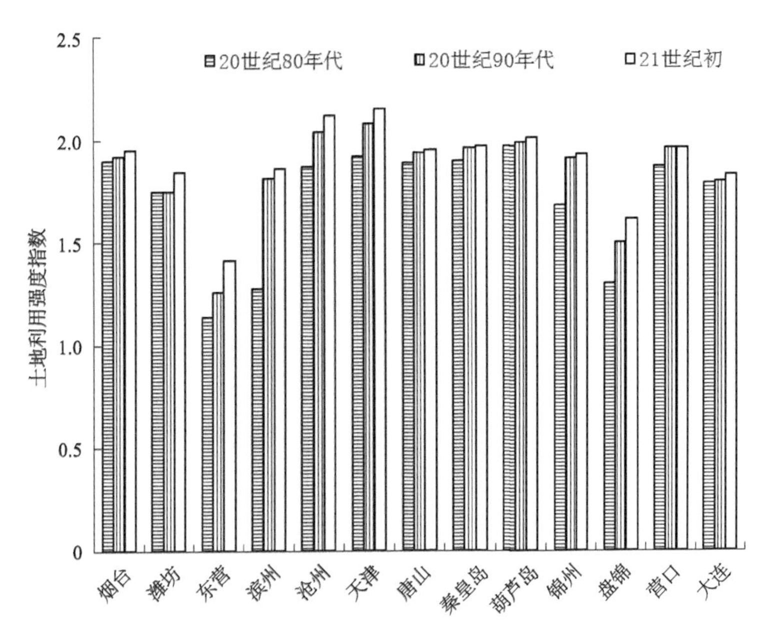

图 2-2　近 30 年来环渤海海岸带土地利用强度指数的变化

四、小结

海岸带土地既是海洋经济发展的主要依托，也是维护海洋生态环境的重要屏障，在海洋资源开发与环境保护中具有举足轻重的作用。海岸带土地利用的区域分异特征是海岸带经济区域协作、分工发展模式的重要基础，也是实现海岸带环境区域分异、综合整治的重要依据。本节在探索建立的海岸带土地开发利用主体类型判定、主体度计算和海岸带土地利用强度指数等海岸带土地开发利用监测评估方法的基础上，开展了环渤海海岸带土地开发利用监测与评估实证研究，希望能为加强我国海岸带土地开发利用监测与评估工作提供技术依据与借鉴。

第二节　海岸带开发利用景观格局遥感监测与评估

海岸带是海洋与陆地相互作用形成的独特生态过渡带，在防灾减灾、调节气候、维持生物多样性和区域生态安全等方面发挥着极其重要的作用，是沿海地区经济社会可持续发展的重要生态保障。近年来，在我国沿海经济社会快速发展的驱动下，滨海城镇建设、滨海旅游区建设、临海 / 临港工业区建设、港口码头建设等多种人类开发活动导致海岸带开发利用空间格局发生着深刻变化。如何描述这种海岸带开发利用空间格局变化过程，是海岸带综合管理面临的主要任务。景观尺度是研究大规模人类开发对海岸空间格局影响的最佳尺度，通过分析人类开发利用过程中的海岸景观格局变化，可以揭示人类活动对海岸带景观格局的改变方向与强度，为优化海岸带开发空间布局、保护天然滨海湿地提供科学依据。

一、海岸带开发利用景观格局的遥感监测方法

1. 监测遥感影像

本节收集到能够完全覆盖监测评估区域且影像质量较好的 5 期卫星遥感影像，各期卫星遥感影像数据源参数见表 2-4。

表 2-4　本节采用的各期卫星遥感影像参数

序号	数据源	轨道号	获取时间	空间分辨率 /m
1	Landsat TM	51/40	1990 年 8 月	28.5
2	Landsat ETM	120/32	2000 年 7 月	28.5
3	Spot-5	292/268	2005 年 8 月	5.0
4	Spot-5	292/268	2010 年 9 月	5.0
5	ZY-3	ZY2108	2015 年 6 月	2.1

2. 遥感影像的精纠正与解译

根据监测评估区海岸景观格局特征，在现场踏勘基础上，将海岸景观类型划分为盐池、养殖池塘、滩涂湿地、取排水口、湖泊、围堰堤坝、建设地、道路、

农田、草地10种景观类型，并建立每种景观类型的遥感影像特征库，各景观类型描述见表2-5。以遥感影像特征库为基础，在ArcGIS10.0软件支持下，首先对2005年采集的Spot-5卫星遥感影像和2015年采集的ZY-3卫星遥感影像进行人机交互式判读，目视解译得到2005年和2015年监测评估区景观格局矢量数据。然后以2005年监测评估区景观格局矢量数据为基础，叠加1990年和2000年卫星遥感影像，根据遥感影像信息，目视解译修改成1990年和2000年监测评估区景观格局矢量数据；以2015年监测评估区景观格局矢量数据为基础，叠加2010年卫星遥感影像，根据遥感影像信息，目视解译修改成2010年监测评估区景观格局矢量数据。采用现场GPS验证点，对遥感影像解译的各期数据景观斑块类型进行精度评估。

表2-5 海岸景观类型分类描述与影像特征

编号	景观类型	类型描述	影像特征
01	盐池	用于滩涂海水晒盐的围堰池塘	大小依次有序排列的矩形围塘区域
02	养殖池塘	用于滩涂水产养殖的围堰池塘	形状相近并列排列的矩形围塘区域
03	围堰堤坝	用于分割形成养殖池塘和盐池的土石质堤坝	呈网格状分割围塘水域的条带状区域
04	取排水口	用于海水养殖池塘、盐池汲取海水、排出废水的水域通道及泄洪、径流通道	分布于盐池和养殖池塘镶嵌体中，且与海域连通的条带状水域空间
05	滩涂湿地	长期处于积水或半积水状态的低洼滩地	呈灰褐色或绿色的低洼坑地及废弃围塘区域
06	湖泊	地表相对封闭且蓄水的天然或人工洼地	单独分布且具有相对规则或自然边界的水域
07	草地	覆盖自然和人工草本植被的区域	呈浅绿色的规则或不规则陆地斑块区域
08	建设地	用于开发居住区、商业区和工业区等建设土地	处于被道路纵横交错分割形成的具有明显建筑物密集分布的矩形陆地区域
09	道路	用于交通通行的各类铁路、公路、乡村道路	呈网格状或条带状连接各个建设地、养殖池塘区、盐池区的灰褐色或灰亮色条带状区域
10	农田	用于农业种植的各类耕地和园地	具有镶嵌分布的耕地斑块或具有种植设施的斑块区域

二、海岸带开发利用景观格局的评估方法

1. 海岸景观格局指数

根据海岸带景观格局特点，本节构建了反映海岸景观格局特征的水域景观优势度指数、滩涂湿地指数和建设干扰度指数，各评估指数的计算方法如下。

1）水域景观优势度指数

水域景观优势度是指水域景观在区域景观格局中的优势程度，主要指盐池、养殖池塘、取排水口和湖泊4类水域景观类型在区域景观格局中的优势程度，采

用水域景观优势度指数来描述水域景观优势度，水域景观优势度指数计算方法如下：

$$D_w = \frac{\sum_{j=1}^{4}\sum_{i=1}^{n} a_i}{A} \tag{2-3}$$

式中，D_w 为水域景观优势度指数；A 为监测评估区域景观格局总面积；a_i 为第 i 个水域景观的斑块面积；i 为斑块数量；j 为水域景观类型数量。

2）滩涂湿地指数

淤泥质海岸原本为淤泥质滩涂湿地，由于大规模的人类开发围堰，淤泥质滩涂湿地景观已很少保留，只残存于部分潮沟和低洼坑塘区域。为了反映海岸带滩涂湿地的保留和恢复程度，本节采用滩涂湿地指数来描述滩涂湿地的保留和恢复程度，计算方法如下：

$$W = \frac{\sum_{i=1}^{n} b_i}{A} \tag{2-4}$$

式中，W 为滩涂湿地指数；A 为监测评估区域景观格局总面积；b_i 为第 i 个滩涂湿地的斑块面积；i 为滩涂湿地斑块数量。

3）建设干扰度指数

海岸带景观格局变化主要受到人类建设干扰驱动，人类建设干扰主要为工业城镇建设地扩张和道路扩展。为了反映这种人类建设对海岸带景观格局干扰程度的时空差异，本节采用建设干扰度指数来描述人类建设活动对海岸景观格局的干扰程度，计算方法如下：

$$G = \frac{\sum_{j=1}^{2}\sum_{i=1}^{n} g_i}{A} \tag{2-5}$$

式中，G 为建设干扰度指数；A 为监测评估区域景观格局总面积；g_i 为第 i 个建设干扰的斑块面积；i 为建设干扰斑块数量；j 为建设干扰景观类型数量。

2. 海岸带景观格局稳定性的分析方法

海岸景观格局受人类活动强度的干扰，景观格局多处于快速的变换过程中，具有高度的不稳定性。为了反映这种不同类型景观斑块相互转变造成的景观格局不稳定性，本节构建了景观格局稳定性的分析方法：在本次监测评估的 5 个时段内，如果某一景观斑块整体或者其中一部分在起始点之后的每一个时间点类型都相同，也就是说从未发生过类型转变，则稳定性最高，为Ⅰ级；如果某一景观斑块整体或者其中一部分在起始点之后的每一个时间点都转变为与前一个时间点类型不同的另一种类型，也就是说发生了4次类型转变，则稳定性最低，为Ⅴ级；依此类推，如果某一景观斑块整体或者其中一部分在起始点之后的4个时间点上有1次与前一个时间点类型不同，则稳定性级别为Ⅱ级，有2次与前一个时间点类型不同，则稳定性级别为Ⅲ级，有3次与前一个时间点类型不同，则稳定性级别为Ⅳ级。在具体操作时，主要利用地理信息系统（GIS）图层叠加功能，将5个时段的景观格局矢量数据标记后转换为栅格格式进行叠加运算，通过每一个栅格值分析该栅格景观类型的转变过程，统计发生景观类型转变次数不同的栅格数量。

三、营口南部海岸开发利用景观格局变化的遥感监测与评估实证研究

1. 海岸水域景观格局总体变化特征

营口市南部海岸景观格局的变化主要表现为不同景观类型面积的变化。根据研究区5个时期的景观格局矢量数据，通过计算得到研究区不同时期的景观格局组成（表2-6）。

表2-6　研究区不同时期景观格局组成

景观类型	1990年	2000年	2005年	2010年	2015年
	比例/%	比例/%	比例/%	比例/%	比例/%
盐池	67.87	65.80	62.91	38.02	25.62
养殖池塘	9.65	13.81	15.44	18.78	20.78
取排水口	3.58	3.06	3.84	3.11	2.98
围堰堤坝	5.65	6.54	5.54	2.96	1.49
滩涂湿地	2.38	1.12	1.12	10.12	4.25
湖泊	0.05	0.05	0.04	0.85	0.80
草地	0.32	0.67	2.26	8.43	23.01
建设地	5.63	6.02	6.77	12.99	16.34
道路	1.02	0.86	0.76	3.74	4.32
农田	3.85	2.07	1.32	1.00	0.41
总面积	27 574.24hm^2	27 751.22hm^2	27 940.59hm^2	29 472.66hm^2	30 242.93hm^2

由表2-6可以看出，盐池和养殖池塘是营口市南部海岸水域最主要的景观类型，其中盐池一直都是区域海岸水域景观格局的主体。从1990～2015年的变化

来看，盐池面积在持续减少，减少幅度达到42.25个百分点。1990年盐池面积曾经达到18 714.24hm^2，占区域景观格局总面积的67.87%，此后随着养殖池塘的扩建和改造，2000年其面积比例降低到65.80%，2005年进一步降低到62.91%，2008年以后随着辽宁沿海开发强度的加大，大面积盐池被填充为工业与城镇建设地或改造为养殖池塘，2010年盐池面积比例大幅降低至38.02%，2015年更是降低到25.62%，主体地位大幅度下降。养殖池塘面积在1990年为2662.04hm^2，为区域内仅次于盐池的第二大水域景观类型，面积比例为9.65%。此后面积持续扩展，2000年达到13.81%，2005年达到15.44%，2010年达到18. 78%，2015年进一步增加到20.78%。建设地和草地是面积增加最为显著的两种非水域景观类型，其中建设地面积在1990年只有1551.21hm^2，占区域景观格局总面积的5.63%，此后随着区域内城镇与工业建设驱动面积不断扩张，2000年面积占6.02%，2005年提高到6.77%，2010年大幅提高到12.99%，2015年进一步达到16.34%。草地是区域内人类活动产生的一类新的自然景观类型，1990年草地面积只有88.24hm^2，2005年面积占区域景观格局总面积的2.26%，2010年增加到8.43%，2015年大幅增加到23.01%，成为区域内仅次于盐池景观的第二大景观类型。研究区域内其他景观类型面积比例都相对比较小，取排水口、围堰堤坝和农田面积比例分别从1990年的3.58%、5.65%和3.87%降低到2015年的2.98%、1.49%和0.42%；而滩涂湿地和道路的面积比例分别从1990年的2.38%和1.02%增加到2015年的4.25%和4.32%。另外，由于人类活动不断在盐池外滩涂围海养殖，使研究区景观格局总面积不断增加，从1990年的27 574.24hm^2，增加到2015年的30 242.93hm^2，25年间净增加2668.69hm^2。

2. 海岸水域景观格局时空动态变化特征

由图2-3可以看出，1990年研究区域水域景观优势度指数总体比较高，最低的北部区域水域景观优势度指数也达到0.65，南部区域更是达到0.95，区域总体水域景观优势度指数为0.81，说明当时整个研究区域盐池、养殖池塘等水域景观所占的比例很高，水域景观格局特征十分明显，这种景观格局特征一直维持到2005年。2010年，北部区域水域景观优势度指数大幅下降至0.18，中部区域水域景观优势度指数也降低到0.75，南部区域水域景观优势度指数变化不大，区域总体水域景观优势度指数为0.61，说明2005～2010年北部区域盐池水域景观被大面积填充改造。2015年，中部区域水域景观优势度指数大幅降低到0.56，北部区域和南部区域也分别降低到0.15和0.85，区域总体水域景观优势度指数为0.50，说明2010～2015年盐池水域景观填充改造主要发生在中部区域，北部区域和南部区域盐池水域景观填充改造面积比例较小。

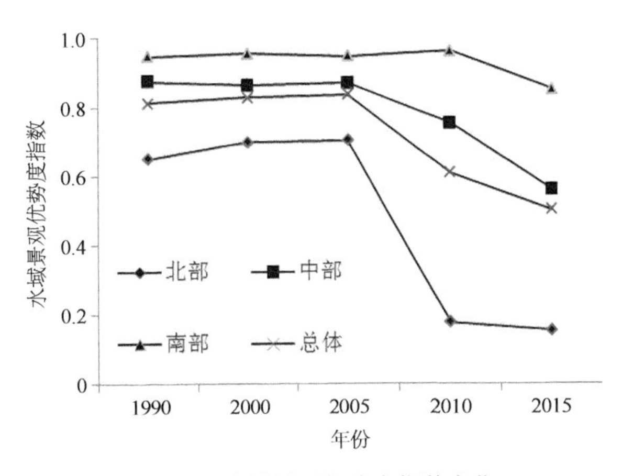

图 2-3　水域景观优势度指数变化

从图 2-4 的滩涂湿地指数变化可以看出，1990 年北部区域滩涂湿地指数为 6.16，中部区域和南部区域都小于 0.50，说明当时仅有的少量滩涂湿地主要分布在北部区域，中部区域和南部区域围堰范围内的滩涂湿地几乎全部被开发利用。2000 年和 2005 年，北部区域的滩涂湿地指数分别减少到 2.95 和 3.41，中部区域和南部区域滩涂指数变化不大，说明这段时间北部区域滩涂湿地开发强度进一步加大，少量的残留滩涂湿地也被开发利用。2010 年北部区域和中部区域滩涂湿地指数大幅增加，分别达到 16.13 和 11.50，南部区域变化不大，区域总体滩涂湿地指数达到 10.12，说明 2005 ～ 2010 年，北部区域和中部区域有大量的废弃盐池转化为滩涂湿地。2015 年，北部区域和中部区域滩涂湿地指数分别下降为 4.65 和 2.77，而南部区域滩涂湿地指数上升为 5.73，说明 2010 ～ 2015 年，北部区域和中部区域先前的废弃盐池转化为滩涂湿地后，部分区域又被填充改造成其他景观类型，而南部区域又出现一定比例的废弃盐池转化为滩涂湿地。

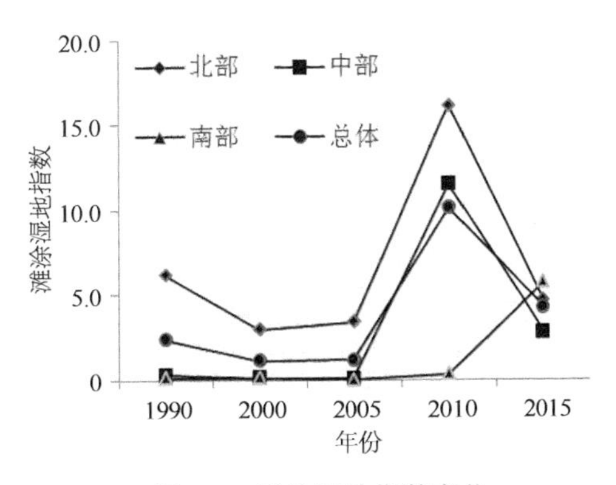

图 2-4　滩涂湿地指数变化

从图 2-5 的建设干扰度指数变化可以看出，1990 年研究区建设干扰度指数总体比较低，最高的北部区域也只有 14.80，中部区域和南部区域仅分别为 2.80 和 1.00，说明当时工业与城镇建设地及道路在水域景观格局中占的比例很低，人类建设对水域景观格局的干扰度很小。2010 年，北部区域和中部区域的建设干扰度指数出现明显增大，分别达到 39.00 和 7.40，而南部区域仍然维持在 1.20，说明 2005 ～ 2010 年北部区域和中部区域工业与城镇建设地扩张及道路建设对水域景观格局的干扰大幅增加，而南部区域水域景观格局受到的人类建设干扰仍很小。2015 年，北部区域建设干扰度指数进一步增加到 45.40，中部区域和南部区域也分别增加到 10.30 和 4.40，区域总体建设干扰度指数为 20.70，说明北部区域工业城镇和道路建设干扰度已经很大，建设地、道路等非水域景观类型已经成为区域景观格局的主体，水域景观格局已经发生彻底转变，中部区域和南部区域工业城镇与道路建设的干扰度也逐渐加大，水域景观格局受到的干扰越来越大。

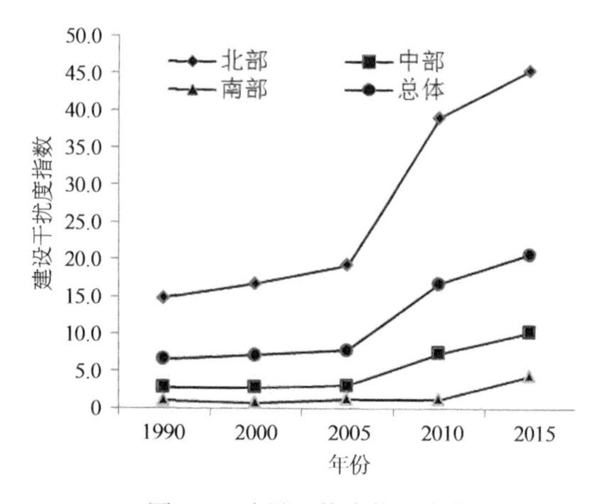

图 2-5 建设干扰度指数变化

3. 海岸水域景观稳定性

从图 2-6 研究区景观稳定性等级图及其统计结果可以看出，景观稳定性最高的Ⅰ级面积为 9242.37hm^2，占总面积的 35.73%，其中北部区域 1705.36hm^2，主要分布在邻近营口市区的最北部分及东南角局部区域；中部区域 3810.02hm^2，主要分布在区域的中间部位；南部区域 3726.99hm^2，主要分布在海岸以东的中间部位及东北部。景观稳定性次高的Ⅱ级区域面积为 10 311.86hm^2，占总面积的 39.86%，为区域内面积最大的景观稳定等级。在区域分布上，北部区域 3512.14hm^2，主要分布在西南部位的原盐池区；中部区域 4511.04hm^2，主要邻接海岸的西部原盐池区及东北部盐池局部地区；南部区域 2288.68hm^2，主要分布在中间原盐池区。景观稳定性处于Ⅲ级的面积为 3934.50hm^2，占总面积的 15.21%，主要分布在北部区域，面积为 2999.52hm^2。景观稳定性最低的Ⅴ级面积最小，只

有1042.98hm^2，占总面积的4.03%，主要分布在北部区域的Ⅰ级外围，中部区域和南部区域只分布在局部区域，面积较小。另外，景观稳定性次低的Ⅳ级面积为1338.58hm^2，占总面积的5.17%，主要分布在北部区域的局部，中部区域和南部区域分布很少。

4. 海岸水域景观格局变化的区域差异性

大规模围填海是近年来我国海岸水域景观格局变化的最主要驱动力，许多海岸区域在大规模围填海活动的驱动下景观格局发生了显著变化。本节选取我国围填海驱动下海岸水域景观格局变化最为典型的区域——营口南部海岸为监测评估区，该区域1990年以来以盐池为主的海岸水域景观格局在大规模人类活动的驱动下，发生了快速转变，但在区域内部表现出一定的分异特征。

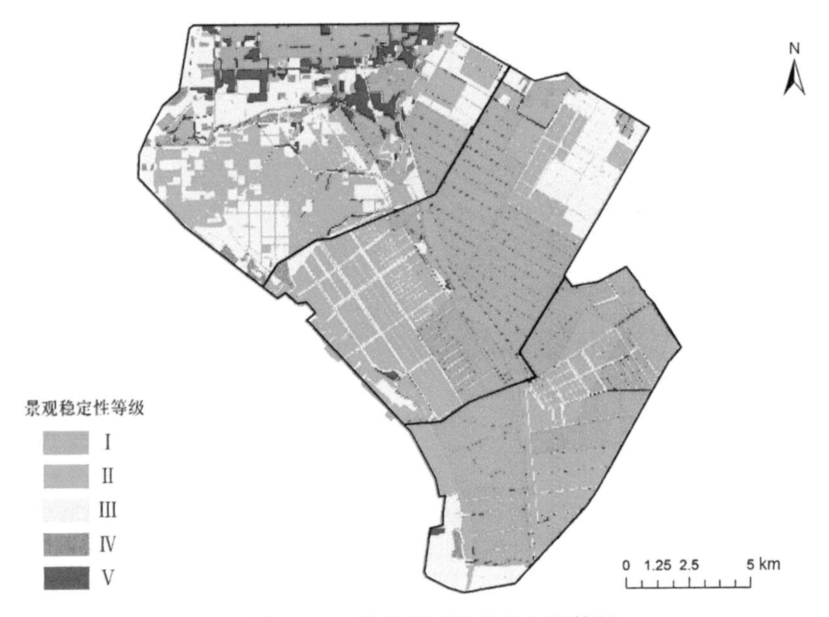

图 2-6 研究区景观格局稳定性等级

北部区域接近营口市区，除最北端的城镇区基本保持稳定以外，其他区域均发生了较大的变化，景观格局转变过程表现为：盐池被分割转化为养殖池塘，养殖池塘因效益低下被废弃成为滩涂湿地，滩涂湿地在辽宁沿海经济带规划实施后被围填建设成工业与城镇等建设地。2015年，北部区域建设地已占到区域总面积的37.50%，成为最主要的景观类型，建设地占全区域建设地总面积的78.61%。北部区域也是景观稳定性最为复杂的区域，城镇建设地和一部分盐池一直保持原来类型，景观稳定性最高；大片的盐池被围填后由于没有开发建设项目入驻，撂荒为草地，发生了1次景观类型转变，为景观稳定性次高区域，占北部区域总面积的36.05%；发生2次景观类型转变的景观稳定性Ⅲ级区域，主要包括西南部的盐池转变为养殖池塘或废弃为滩涂湿地，养殖池塘或滩涂湿地再次被围填为工业、城镇等建设地，或者由盐池直接围填后撂荒为草地，草地再被开发为工业建设地；发生3次以上景观类型转变的景观稳定性Ⅳ级和Ⅴ级区域，主要包括盐池转变为养殖池塘、养殖池塘废弃为滩涂湿地、滩涂湿地围填转变为工业城镇建设地，或者直接由废弃盐池变为滩涂湿地，滩涂湿地围填后撂荒为草地，草地再被开发为工业建设地，以及由于取排水潮沟频繁变动或者局部区域频繁开发变化造成景观类型转变。

中部区域水域景观格局变化主要表现为：盐池被围填成为土地，一部分土地有项目入驻，转变为工业、城镇等建设地，大部分土地由于暂时没有项目开发建设，转变为草地景观类型。2015年，中部区域草地面积达到3195.77hm^2，占该区域总面积的28.24%，成为仅次于盐池的第二大景观类型。此时，盐池、养殖池塘等水域景观指数为0.56，而工业、城镇、道路等建设干扰指数只有10.30，说明当前中部区域已转变成盐池、养殖池塘等水域景观与草地、建设地等陆地景观并重的水陆二元景观结构。中部区域的景观稳定性等级主要集中于Ⅰ级、Ⅱ级和Ⅲ级：Ⅰ级区域为一直没有发生转变的盐池区；Ⅱ级区域为由盐池围填成土地撂荒的草地景观区域；Ⅲ级区域为盐池被废弃变为滩涂湿地再围填开发为工业建设地区域。

南部区域只有局部盐池转变为建设地和草地，绝大部分区域仍保持盐池、养殖池塘等水域景观，水域景观优势度指数高达0.85，而建设干扰指数只有4.40，由于一部分盐池被废弃转变为滩涂湿地，滩涂湿地指数上升为5.73，总体上当前南部区域仍为以盐池、养殖池塘为主导的水域景观格局。南部区域景观稳定性等级也主要集中于Ⅰ级、Ⅱ级和Ⅲ级：Ⅰ级区域为一直保持为盐池的区域；Ⅱ级区域为由盐池被废弃变为滩涂湿地、盐池转变为养殖池塘和盐池围填成土地撂荒的草地景观；Ⅲ级区域为盐池转化为养殖池塘，养殖池塘再围填撂荒的草地景观。

四、小结

本节采用具有较高空间分辨率的卫星遥感影像作为主要监测数据，构建了反映海岸水域景观格局特征的水域景观优势度指数、滩涂湿地指数和建设干扰度指数，以及景观稳定性等级分析方法，并以营口南部海岸为例，剖析了1990～2015年由以盐池为主的水域景观格局向以工业城镇用地为主的陆地景观格局转变的陆域化过程。研究结果表明：在大规模人类活动的驱动下，海岸景观格局变化表现出明显的区域分异性，北部区域已由盐池、养殖池塘等水域景观转变为工业、城镇等陆地景观，中部区域正处于盐池、养殖池塘等水域景观向草地、建设地等陆地景观转变过程中，南部区域仍保持盐池、养殖池塘等水域景观优势。研究区景观稳定性等级以Ⅰ级和Ⅱ级为主，其中Ⅰ级区域景观类型一直保持稳定，占区域总面积的35.73%，Ⅱ级区域发生过1次景观类型转变，占区域总面积的39.86%，发生2次以上景观类型转变的区域占区域总面积的24.41%。

第三节 海岸带开发利用的生态系统服务功能响应评估

海岸带生态系统类型复杂，生态服务功能多样，具有较高的生物生产力，能直接或者间接地为人类提供各种物质产品，在维护海洋生态系统和陆地生态系统稳定性、海岸带社会经济可持续发展方面都发挥着极为重要的作用。海岸带生态系统服务功能包括使用价值功能和非使用价值功能，其中使用价值功能又分为直接使用价值功能和间接使用价值功能两部分。直接使用价值功能指海岸带提供的人类可以直接消费的实物产品（如水产品、芦苇、原盐等）功能；间接使用功能指海岸带所具有的调节大气成分、涵养水源、净化水质、支持发展生态旅游等生态服务功能。非使用价值功能也称为内在价值、存在价值功能，是指人类为确保海岸带环境资源的存在而付出的费用，包括生物多样性维持服务功能、科研文化服务功能等。

20 世纪 80 年代以来，对生态系统服务价值的研究越来越受到生态学家和经济学家的重视，很多学者针对不同的生态系统开展了许多研究。海岸带是自然界最重要的自然资源和生态系统，在物质生产、水文调节、净化环境、保护生物多样性等方面发挥着重要的作用。对于大规模的人类开发利用对海岸带生态系统服务功能会产生哪些影响，国内在这方面的评估研究工作仍处于探索中，目前还没有一个完整、全面的人类大规模开发利用活动对海岸带生态系统服务功能的影响评估方法体系。本节探索从海岸带土地利用变化的生态系统服务功能响应方面构建海岸带人类大规模开发利用的生态系统影响评估方法。

一、海岸带开发利用的生态系统服务功能价值监测与评估方法

1. 海岸带土地利用数据获取

收集 Landsat TM 卫星遥感影像，成像时间为 20 世纪 80 年代；Landsat ETM 卫星遥感影像，成像时间为 20 世纪 90 年代；中巴地球资源卫星遥感影像，成像

时间为21世纪初。以上数据为海岸带土地利用信息提取的基本数据源。其他辅助数据包括：Spot-5卫星遥感（包括全色和多光谱），成像时间为2005年；海岸带基础地理信息数据等。

根据海岸带土地利用特征，将海岸带划分为耕地、林地、草地、水域、建设地、未利用地等6种一级土地利用类型，在一级土地利用类型的基础上又划分为滩涂、芦苇湿地、水库坑塘（池塘、水库）、林地、耕地、草地、水产养殖池塘、盐田、裸露地、河流、建设地等11种二级土地利用类型。①耕地，指种植农作物的土地，包括熟耕地、新开荒地、休闲地、轮歇地、草田轮作地和以种植农作物为主的用地，以及耕种3年以上的滩地和滩涂（包括水田和旱地）；②林地，指生长乔木、灌木等的林业用地；③草地，指以生长草本植物为主，覆盖度在5%以上的各类草地，包括以牧为主的灌丛草地和郁闭度在10%以下的疏林草地；④水产养殖池塘，指主要用于水产品（鱼、虾、蟹、海参等）养殖的养殖池塘及附属用地；⑤盐田，指主要用于生产粗盐的晒盐池塘及附属用地；⑥河流，指地表面经常或间歇有水流动，形成的线形天然水道，这里包括河流、渠道、潮汐沟道等；⑦水库坑塘，指地表长期有一定积水的区域，这里主要包括水库、池塘、湖泊等；⑧滩涂，指地表长期湿润，但植被覆盖率在5%以下的区域，由于本节研究区域主要为最大高潮线以上区域，这里的滩涂主要为河流在河口形成的以淡水为主的滩涂；⑨建设地，指城乡居民点及其以外的工矿、交通等建设用地；⑩芦苇湿地，指地表长期湿润，以水生植被为主，且覆盖度在5%以上的区域，这里主要包括芦苇湿地、米草湿地等；⑪裸露地，指地表植被低于5%的未利用土地。土地利用数据信息提取方法与技术要求参考《海岛海岸带卫星遥感调查技术规程》。

2. 海岸带生态系统服务功能价值评估方法

根据海岸带土地利用特征及其生态系统服务功能类型的特点，将海岸带生态系统服务功能类型划分为食品生产、原材料生产、气体调节、气候调节、生物多样性保护、水文调节、污染净化、文化娱乐和保持土壤共9种主要生态系统服务功能。各种生态系统服务功能的价值量化方法如下。

林地、耕地、草地、河流、芦苇湿地、裸露地的各项生态系统服务功能参考谢高地等在Costanza等研究的基础上，对生态系统服务价值单价进行了生物量的修订，提出的中国不同陆地生态系统单位面积生态服务价值当量表。其中一个当量是1hm^{2}农田每年平均粮食自然产量的经济价值，计算中一般取实际产量的1/7作为自然产量。本节根据海岸带的具体情况，采用海岸带主要粮食作物的平均实际粮食产量（小麦为6000/hm^2、玉米为7500/hm^{2}和水稻为6000/hm^2）和主要粮食作物的平均收购价，计算出海岸带每个当量的生态系统服务功能价值为1485.70元。土地利用类型和生态系统类型不是一一对应的，根据已有研究和海岸带的具体情况，把每种土地利用类型与最接近的生态系统类型联系起来，其中农田与耕地对应；林地与森林对应；草地与草丛对应；河流、湖泊、坑塘、水库等与水域对应；滩涂、芦苇湿地与湿地对应。裸露地由于地表植被稀少，因此与荒漠对应。对于建设地，地表相对致密，植被相对稀疏，其食品生产、原材料生产、污染净化、生物多样性保护、水文调节、土壤保持功能都为0，其气候调节和气体调节功能参照荒漠的气候调节和气体调节功能，文化娱乐功能参照森林的文化娱乐功能。盐田主要为原材料生产功能，根据莱州湾的研究结果，盐田单位面积原盐产量为99t/（$hm^2\cdot a$），市场平均销售价格为200元/t，生产成本为120元/t，原材料生产功能为7920元/（$hm^2\cdot a$）。水产养殖池塘的食品生产功能参考莱州湾的研究结果，单位面积水产品产量为0.4t/（$hm^2\cdot a$），平均价格为42 000元/t，利润率按照40%计算，食品生产功能为6720元/（$hm^2\cdot a$）。水产养殖池塘的原材料生产功能按照食品生产功能的10%计算，其气体调节和气候调节功能参照水域的气体调节和气候调节功能，文化娱乐功能参照农田的休闲娱乐功能，其他的生态系统服务功能均为0。按照以上方法修改形成海岸带每种土地利用类型单位面积的生态系统服务功能价值表（表2-7）。

表2-7 海岸带不同土地利用类型单位面积生态系统服务价值 ［单位：元/($hm^2\cdot a$)］

土地利用类型	食品生产	原材料生产	气体调节	气候调节	污染净化	生物多样性保护	水文调节	文化娱乐	保持土壤
水产养殖池塘	6 720.0	672.0	757.7	3 060.6	0	0	0	252.6	609.1
建设地	0	0	89.2	193.1	0	0	0	3 090.2	0
水库坑塘	787.4	520.0	757.7	3 060.6	22 062.7	5 095.9	27 886.6	6 596.5	609.1
河流	787.4	520.0	757.7	3 060.6	22 062.7	5 095.9	27 886.6	6 596.5	609.1
滩涂	534.9	356.6	3 580.5	20 131.3	21 394.1	5 482.2	19 967.8	6 967.9	2 956.5
盐田	0	7 920.0	0	0	0	0	0	0	0
耕地	1 485.7	579.4	1 069.7	1 441.1	2 065.1	1 515.4	1 144.0	252.6	2 184.0
草地	638.8	534.9	2 228.6	2 317.7	1 961.1	2 778.3	2 258.3	1 292.6	3 328.0
裸露地	29.7	59.4	89.2	193.1	386.3	594.3	104.0	356.6	252.6
林地	490.3	4 427.4	6 418.2	6 046.8	2 555.4	6 700.5	6 076.5	3 090.3	5 972.5
芦苇湿地	534.9	356.6	3 580.5	20 131.3	21 394.1	5 482.2	19 967.8	6 967.9	2 956.5

二、环渤海海岸带开发利用的生态系统服务功能响应实证研究

1. 环渤海海岸带生态系统服务功能总体变化

图 2-7 为近 30 年环渤海海岸带生态系统服务功能价值变化，可以看出，在环渤海海岸带的 13 个区域中，东营市海岸带生态系统服务功能价值变化最大，20 世纪 80 年代为 79.71 亿元，20 世纪 90 年代减少至 66.85 亿元，21 世纪初进一步减少到 55.01 亿元，30 年间减少了 24.70 亿元。其次为滨州市海岸带，生态系统服务功能价值在 20 世纪 80 年代至 90 年代减少了 10.07 亿元，在 20 世纪 90 年代至 21 世纪初减少了 2.51 亿元。盘锦市、天津市、锦州市和潍坊市海岸带的生态系统服务功能价值在 30 年间分别减少了 5.55 亿元、5.03 亿元、4.00 亿元和 3.77 亿元，而沧州市、唐山市、秦皇岛市、葫芦岛市和营口市海岸带生态系统服务功能价值减少都在 1.50 亿元以内。13 个区域中只有大连市和烟台市海岸带生态系统服务功能价值增加，分别增加了 0.36 亿元、0.20 亿元。

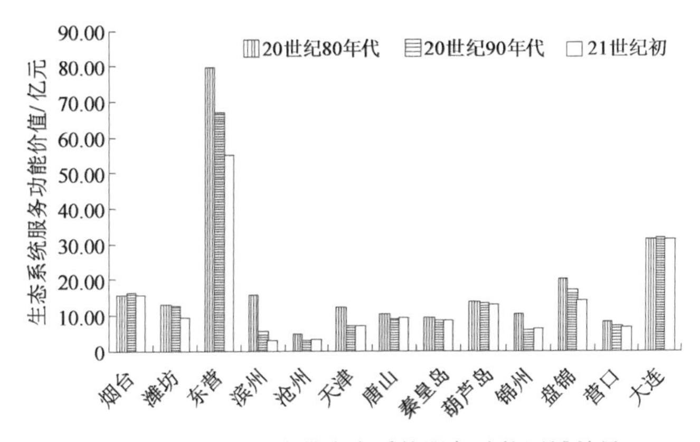

图 2-7 环渤海海岸带生态系统服务功能区域差异

由于环渤海海岸带各个区域的面积差异较大，为了剔除面积差异带来的影响，从近 30 年单位面积的生态系统服务功能价值变化来分析（图 2-8）。滨州市海岸带单位面积生态系统服务功能价值变化最大，达到 4.85 万元 /hm^2；其次为东营市海岸带，单位面积生态系统服务功能价值变化为 2.81 万元 /hm^2；再次为盘锦市和锦州市海岸带，它们的单位面积生态系统服务价值分别变化了 2.13 万元 /hm^2 和 1.71 万元 /hm^2。另外，潍坊市、天津市和沧州市海岸带变化也比较大，其他区域的海岸带单位面积生态系统服务功能价值变化不是很显著。

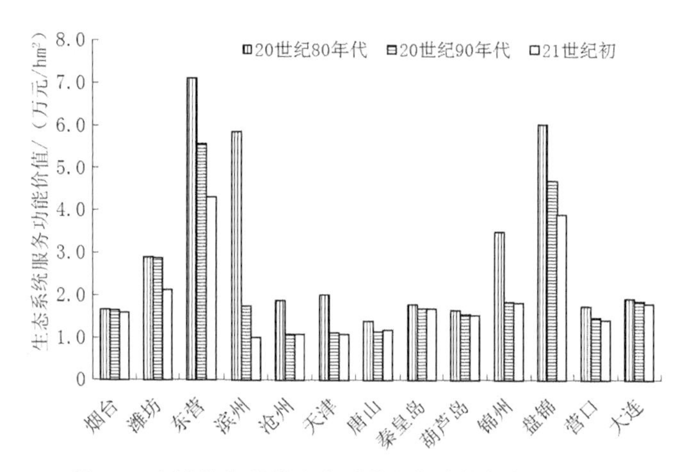

图 2-8　环渤海海岸带生态系统服务功能密度区域差异

2. 环渤海海岸带生态系统服务功能类型变化

环渤海海岸带生态系统服务功能类型价值变化见（表 2-8）。环渤海海岸带生态系统服务功能类型变化以污染净化功能价值损失最大，达到 17.95 亿元；其次为水文调节功能价值，损失 16.75 亿元；再次为气候调节功能价值，损失 15.65 亿元。之后依次为文化娱乐功能价值损失 4.89 亿元、生物多样性保护功能价值损失 4.68 亿元、气体调节功能价值损失 2.80 亿元、土壤保持功能价值损失 2.39 亿元。而食品生产功能价值和原材料生产功能价值分别增加了 3.20 亿元、1.87 亿元。

表 2-8　环渤海海岸带生态系统服务功能类型价值变化　　（单位：亿元）

地区	食品生产	原材料生产	气体调节	气候调节	污染净化	生物多样性保护	水文调节	文化娱乐	土壤保持与保持
烟台市	−0.06	0.32	0.00	0.10	0.10	0.01	0.05	0.11	0.00
潍坊市	−0.76	1.01	−0.22	−0.95	−0.56	−0.19	−0.49	−0.20	−0.22
东营市	1.86	0.61	−1.06	−6.52	−7.58	−1.86	−6.97	−2.35	−0.85
滨州市	0.16	0.51	−0.54	−3.15	−3.63	−0.88	−3.46	−1.14	−0.44
沧州市	0.32	−0.20	−0.05	−0.37	−0.55	−0.13	−0.50	−0.04	−0.04
天津市	−0.15	−0.16	−0.21	−1.34	−1.34	−0.30	−1.26	−0.13	−0.15
唐山市	0.25	0.13	−0.09	−0.29	−0.48	−0.17	−0.46	−0.12	−0.11
秦皇岛市	0.15	−0.02	−0.07	−0.09	−0.21	−0.13	−0.18	−0.03	−0.13
葫芦岛市	−0.01	0.07	−0.06	−0.24	−0.20	−0.08	−0.13	−0.03	−0.09
锦州市	0.51	0.15	−0.16	−1.01	−1.35	−0.34	−1.28	−0.40	−0.12
盘锦市	0.52	0.05	−0.24	−1.60	−1.68	−0.40	−1.52	−0.56	−0.13

续表

地区	食品生产	原材料生产	气体调节	气候调节	污染净化	生物多样性保护	水文调节	文化娱乐	土壤保持与保持
营口市	0.03	0.01	−0.07	−0.22	−0.39	−0.13	−0.40	−0.04	−0.10
大连市	0.38	0.27	−0.03	0.03	−0.09	−0.08	−0.13	0.05	−0.03
总体变化	3.20	2.75	−2.80	−15.65	−17.96	−4.68	−16.73	−4.88	−7.29

对海岸带生态系统服务功能价值损失较大的污染净化、水文调节和气候调节功能价值的区域损失进行分析。污染净化功能价值损失以东营市海岸带最多，为7.58亿元，占总损失量的42.23%；其次为滨州市海岸带损失3.63亿元，占总损失量的20.22%；再次为盘锦市海岸带，损失1.68亿元。水文调节功能在东营市海岸带损失6.97亿元，在滨州市海岸带损失3.46亿元，在盘锦市海岸带损失1.52亿元。气候调节功能价值损失中东营市海岸带损失占41.66%、滨州市海岸带损失占20.13%、盘锦市海岸带损失占10.22%。食品生产功能价值增加主要发生在东营市海岸带（1.86亿元）、盘锦市海岸带（0.52亿元）和锦州市海岸带（0.51亿元）。原材料生产功能价值增加主要发生在潍坊市海岸带（1.01亿元）、东营市海岸带（0.61亿元）和滨州市海岸带（0.51亿元）。

3. 人类活动对环渤海海岸带生态系统服务功能的影响

人类活动造成的土地利用类型改变是环渤海海岸带生态系统服务功能变化的主要因素。近30年，由于人类活动改变地表属性，环渤海海岸带建设地、水产养殖池塘和盐田分别增加了26 950.50hm^2、54 686.10hm^{2}和34 938.30hm^2，而滩涂、芦苇湿地面积分别减少了55 011.70hm^2、58 063.20hm^2，由此导致环渤海海岸带生态系统服务功能价值损失了59.57亿元（表2-9）。在环渤海海岸带的13个区域中，东营市海岸带芦苇湿地面积减少了24 459.90hm^2，生态系统服务功能价值损失19.90亿元；滩涂面积减少13 076.80hm^2，生态系统服务功能价值损失10.64亿元，而水产养殖池塘面积增加了30 499.40hm^2，生态系统服务功能价值仅增加3.68亿元，区域生态系统服务功能价值净损失达到26.33亿元。滨州市海岸带滩涂面积减少了15 655.40hm^2，芦苇湿地面积减少了530.60hm^2，生态系统服务功能价值共损失了13.17亿元，而新增建设地面积32.10hm^2、水产养殖池塘面积3723.10hm^2、盐田面积6736.80hm^2，由此增加的生态系统服务功能价值仅为0.99亿元，生态系统服务功能价值净损失12.19亿元。盘锦市海岸带滩涂面积减少了10 175.90hm^2，芦苇湿地面积减少了651.18hm^2，而水产养殖池塘面积增加了7377.30hm^2，建设地面积增加了45.20hm^2，生态系统服务功能价值由此损失了7.92亿元。锦州市海岸带和天津市海岸带也由于建设地、水产养殖池塘和盐田的开发，使滩涂和芦苇湿地面积分别萎缩了6247.3hm^2、6609.8hm^2，生态系统服务功能价值由此分别净损失 3.99 亿元、5.44 亿元。

表 2-9 人类活动对环渤海海岸带生态系统服务功能价值的影响

地区		总体	盘锦市	滨州市	潍坊市	锦州市	天津市	东营市	大连市
滩涂变化	面积 /（$\times10^2hm^2$）	−550.12	−101.75	−156.55	−9.74	−36.28	−62.37	−130.77	0.50
	价值 / 亿元	−44.76	−8.28	−12.74	−0.80	−2.95	−5.08	−10.64	0.04
芦苇湿地变化	面积 /（$\times10^2hm^2$）	−580.63	−6.51	−5.31	−19.98	−26.20	−3.73	−244.60	−5.21
	价值 / 亿元	−25.09	−0.53	−0.43	−1.63	−2.13	−0.30	−19.90	−0.42
建设地变化	面积 /（$\times10^2hm^2$）	269.51	0.45	0.32	3.68	6.55	102.09	0	29.27
	价值 / 亿元	0.91	0	0	0.01	0.02	0.34	0	0.10
水产养殖池塘变化	面积 /（$\times10^2hm^2$）	546.86	73.77	37.23	−107.66	78.8.6	−22.15	304.99	54.73
	价值 / 亿元	6.60	0.89	0.45	−1.30	0.95	−0.27	3.68	0.66
盐田变化	面积 /（$\times10^2hm^2$）	349.38	0	67.37	138.71	15.15	−16.83	66.53	34.92
	价值 / 亿元	2.77	0	0.54	1.10	0.12	−0.13	0.53	0.28

三、小结

海岸带在维持海洋生态系统稳定性、维护区域生态平衡、保持区域社会经济可持续发展方面发挥着极其重要的作用。海岸带盐田和水产养殖池塘的开发虽然增加了食品生产、原材料提供等直接生态系统服务功能价值，但是盐田、水产养殖池塘和建设地的开发主要是建立在对滩涂、湿地的破坏和占用基础上的，这就直接导致滩涂、湿地在气体调节服务、水源涵养服务、废物净化服务、文化娱乐服务、生物多样性保护、土壤保持等方面间接生态系统服务功能价值的更大幅度的损失，使得海岸带生态系统服务功能总体价值大幅度损失。未来海岸带开发过程中，应严格控制盐田、水产养殖池塘、建设地等对现有自然湿地的破坏与占用，保护现存自然湿地的生态系统服务功能。发展海洋产业应重视生态保护，将经济发展与生态保护结合起来，尽可能地发展海洋生态经济，延长海洋产品的产业链，提高产品的精加工程度和产品附加值，重视利用海岸带的原生态自然景观发展生态旅游，提高海岸带生态系统服务功能的非使用价值。

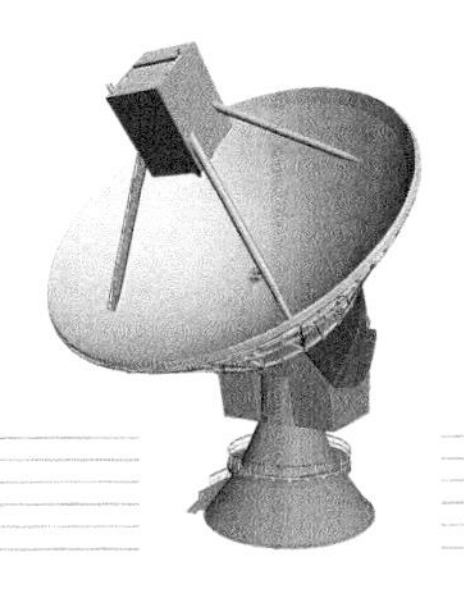

第三章

海岸线遥感监测与评估

第一节　海岸线分类

海岸线是海洋与陆地的分界线，它的更确切的定义是海水向陆到达的极限位置的连线。由于受到潮汐作用及风暴潮等的影响，海水有涨有落，海面时高时低，这条海洋与陆地的分界线时刻处于变化之中。因此，实际的海岸线应该是高低潮间无数条海陆分界线的集合，它在空间上是一条带，而不是一条地理位置固定的线。为了管理操作的方便，相关部门和专家学者将海岸线定义为平均大潮高潮时的海陆分界线的痕迹线，一般可根据当地的海蚀阶地、海滩堆积物或海滨植物确定。

鉴于所处地理位置的特殊性和在海洋管理工作中的重要性，海岸线受到了很多学者的关注，国内外关于海岸线的研究也出现在不同学科的研究报道中。但一直以来，缺乏对海岸线分类的探讨，而海岸线分类又是海岸线保护与开发、海洋资源综合管理的基础依据。为了厘清海岸线的分类体系，作者在长期海岸开发保护实践工作的基础上，根据前期的相关研究和有关专家的意见，对海岸线的分类体系进行梳理，目的是为海岸线保护与开发利用管理提供参考依据。

一、根据海岸底质特征与空间形态分类

根据海岸底质特征与空间形态，可将海岸线划分为基岩海岸线、砂质海岸线、淤泥质海岸线、生物海岸线和河口海岸线。

1. 基岩海岸线

基岩海岸线的潮间带底质以基岩为主，是由第四纪冰川后期海平面上升，淹没了沿岸的基岩山体、河谷，再经过长期的海洋动力过程作用形成岬角、港湾相间的曲折岸线。基岩海岸线曲折度大，岬角突出海面、海湾深入陆地。岬角岸段一般以侵蚀为主，侵蚀下来的物质在波浪和海流的作用下，被输移到海湾岸段堆积。基岩海岸岸坡陡峭，奇峰林立，怪石嶙峋，海水直逼悬崖，海岸景观秀丽。

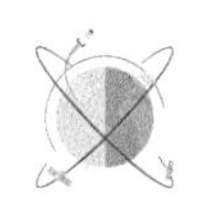

2. 砂质海岸线

砂质海岸线的潮间带底质主要为沙砾，是由粒径大小为0.063~2mm的沙、砾等沉积物质在波浪的长期作用下形成的相对平直岸线。砂质海岸线多具有包括水下岸坡、海滩、沿岸沙坝、海岸沙丘及潟湖等组成的完整地貌体系。它多发育于基岩海湾的内缘或直接毗连于海岸台地（平原）前缘。砂质海岸形成时代可追溯至晚更新世，其规模取决于海岸轮廓、物质来源和海岸动力等因素。砂质海岸沙滩细软、阳光明媚、海水清澈、环境优美。

3. 淤泥质海岸线

淤泥质海岸线的潮间带底质基本为粉沙淤泥，是由粒径为0.01～0.05mm的泥沙沉积物长期在潮汐、径流等动力作用下形成的开阔岸线。淤泥质海岸线多分布在有大量细颗粒泥沙输入的大河入海口沿岸。淤泥质海岸地势平坦开阔，海滩宽达几千米，甚至十几千米，是滨海滩涂湿地的主要集中分布区。淤泥质海岸滩涂宽阔，水浅滩平，便于围塘，多被开发为养殖池塘、盐场。

4. 生物海岸线

生物海岸线的潮间带是由某种生物特别发育而形成的一种特殊海岸空间。生物海岸线多分布于低纬度的热带地区，主要有红树林海岸线、珊瑚礁海岸线、贝壳堤海岸线等。生物海岸资源丰富，环境脆弱，奇特珍稀，多被选划为海洋自然保护区等保护区域。

5. 河口海岸线

河口海岸线分布于河流入海口，是河流与海洋的分界线。河口海岸线一般从河流入海河口区域的陡然增宽处划过，有些河口形状复杂，需要根据具体的地形特征、咸淡水混合区域、管理传统等确定。

二、根据海岸线使用用途分类

随着海洋开发活动的不断拓展，海岸线使用强度和规模不断扩大，海岸线使用用途类型也日益多样。根据海岸线毗邻海域、陆域的使用功能用途，可将海岸线划分为渔业海岸线、港口码头海岸线、临海工业海岸线、旅游娱乐海岸线、矿产能源海岸线、城镇海岸线、保护海岸线、特殊用途海岸线、未利用海岸线9类。

1. 渔业海岸线

渔业海岸线指用于渔业生产和重要渔业品种保护的海岸线，包括用于渔港和

渔业设施基地建设、养殖、增殖、捕捞生产，以及重要渔业品种的产卵场、索饵场、越冬场和洄游通道等功能用途的海岸线。渔业海岸线是我国目前功能用途最广的一类海岸线，在辽东湾、莱州湾、江苏沿海、北部湾等区域广泛分布。

2. 港口码头海岸线

港口码头海岸线指用于港口码头建设的海岸线，包括用于码头、防波堤、港池、航道、仓储区等建设功能用途的海岸线。我国港口码头海岸线主要分布于大连港、天津港、青岛港、北仑港等沿海港口区域，

3. 临海工业海岸线

临海工业海岸线指用于建设用填海和围海（港口建设除外）发展临海工业的海岸线。临海工业海岸线是近年来我国快速发展起来的一类海岸线。曹妃甸循环经济产业园区、营口鲅鱼圈鞍山钢铁工业园区、海南洋浦经济开发区等工业园区毗邻的海岸线都属于临海工业海岸线。

4. 旅游娱乐海岸线

旅游娱乐海岸线指用于各类旅游、娱乐、休闲活动的海岸线，包括被各类风景旅游区、海水浴场、海上游乐场、海上运动场及辅助设施等开发功能用途占用的海岸线。近年来，我国滨海旅游业发展迅速，优质沙滩、礁石海岸景观、生物海岸景观等海岸旅游资源开发力度不断加大，用于旅游娱乐功能的海岸线规模日趋增大。典型的旅游娱乐海岸线有海南三亚海岸线、河北北戴河海岸线等。

5. 矿产能源海岸线

矿产能源海岸线指用于油气开采、盐业生产、海洋矿产资源开发等矿产能源开发的海岸线，包括用于盐田、盐田取排水口、油气开采、海洋矿产资源开采等功能用途的海岸线。矿产能源海岸线中用于盐业生产的盐田岸线是最为常见的一类海岸线，在河北唐山、辽宁营口、莱州湾等盐田广泛分布的区域最为常见。

6. 城镇海岸线

城镇海岸线指用于城市、城镇、滨海新区公共和基础设施建设、城镇居民亲海、赶海等功能用途的海岸线。城镇海岸线以前主要分布在大连、青岛、厦门、海口等滨海城市，现在随着越来越多滨海新区的建设，城镇海岸线的分布范围和规模都在不断扩大。

7. 保护海岸线

保护海岸线指位于各类海岸保护区内的海岸线及其各类需要保护的海岸线，包括位于国家级自然保护区、国家级海洋特别保护区范围内的海岸线，地方（省、市、县）各类保护区范围内的海岸线，以及具有特别的自然、历史文化、开发利用价值，需要保护的海岸线，如贝壳堤海岸线、红树林海岸线、珊瑚礁海岸线等。

8. 特殊用途海岸线

特殊用途海岸线指用于其他特殊功能用途的海岸线，包括用于防护海洋灾害功能的防护海岸线、用于科研教育功能用途的科教海岸线、用于军事用途的军事海岸线等。

9. 未利用海岸线

未利用海岸线指当前还没有开发利用的海岸线或具有其他开发利用价值，预留保留用于将来开发利用的海岸线。随着我国当前海岸线利用规模的不断加大，未利用海岸线日渐稀少，海岸线急需集约、节约利用。

关于海岸线使用用途的界定，可以潮间带滩涂使用现状为依据，同时参考毗邻海域和陆域的优势开发利用方向。如果潮间带滩涂用于渔业、旅游娱乐、保护等明显的用途，则依据潮间带滩涂使用用途确定海岸线用途；如果潮间带滩涂使用方向不明确，其毗邻的海域渔业、保护区等用海方向优势明显，且有可能使用潮间带滩涂，则依据毗邻海域利用方向确定海岸线用途；如果潮间带滩涂使用方向不明确，其毗邻海域开发利用优势也不明确，而毗邻陆域工业、城镇等开发利用方向优势明显，且有可能使用潮间带滩涂，则依据毗邻陆域开发利用优势方向确定海岸线用途。

三、根据海岸线自然属性改变与否分类

根据海岸线自然状态的改变与否，将海岸线划分为自然海岸线和人工海岸线。自然海岸线是指保持自然海岸属性特征，没有受到人类活动改变自然形态与空间特征的海岸线。自然海岸线在空间形态上一般具有形态曲折、走向自然、位置相对固定等特点。人工海岸线是指通过修筑人工构筑物等方式，形成的具有人工构筑特点的海岸线。人工海岸线在空间形态上具有走向平直、滩坡陡峭等特征。

对于自然海岸线，长期以来一直没有具体的界定，在海洋管理工作中一般将潮间带至平均大潮高潮线以上没有人工非透水构筑物、保持海岸自然状态的岸

线看作自然海岸线，相反如果在潮间带至平均大潮高潮线之间存在人工修筑的海堤、防浪堤、防蚀堤等非透水堤坝，则看作人工海岸线。在作者前期调查研究工作中，在深入研究潮间带生态系统结构功能完整性及其维持机制的基础上，认为自然海岸线的界定应该以保持潮间带生态系统结构功能的完整性为原则，只要海岸人工修筑物不影响潮间带生态系统结构功能的完整性，则可认为没有改变海岸线自然属性，仍为自然海岸线。也就是说对于平均大潮高潮线以上的人工构筑物，由于其不影响潮间带生态系统结构功能的完整性，不改变海岸线的自然属性，仍为自然海岸线，不能将其界定为人工海岸线。对于在潮间带平均大潮高潮线以下人工构筑的非透水构筑物，其已影响到潮间带生态系统结构功能，才能认定为人工海岸线。实际上，在人类活动干扰破坏和自然水动力冲淤过程相互作用下，海岸区域地形、地物环境十分复杂，作者认为以下情况需要特别关注。

（1）有些岸段在平均大潮高潮线以下存在非透水构筑物，但非透水构筑物体积较小，涨潮后能没过构筑物或环绕构筑物，则不能将此类岸段看作人工海岸线，其仍为自然海岸线，如滩涂上修筑的桥墩、非透水岛状坝体、带有涵洞或纳潮通道的实堤公路。

（2）有些淤泥质海岸，水浅滩平，围海养殖池塘聚集，这些养殖池塘围堰一般为淤泥质土坝，坝低坡缓，坝外滩涂仍然十分宽阔，潮间带生态系统结构基本完整，即土坝处于平均大潮高潮线以上，这种海岸线仍为自然海岸线。

（3）有些淤涨型海岸，围海或填海后，围堰或堤坝外缘处于不断淤涨状态，当海水涨潮时平均大潮高潮线达不到围堰或堤坝根基线，即围堰或堤坝不影响海水涨落潮过程，也可看作自然海岸线。

（4）自然海岸筑坝围塘，坝体处于平均大潮高潮线以下，但坝体相对简易，容易清除，且清除后仍能恢复自然海岸生态功能的岸段，则为可恢复的自然海岸线。

（5）海岸滩涂围海养殖、填海造地的围堰或堤坝处于平均大潮高潮线以下，平均小潮低潮线以上，也就是说低潮时能露出较大范围的滩涂，高潮时海水能淹没坝体根基线，但坝体坚固，为较难清除的永久性非透水构筑物，则认为其是具有一定生态功能的人工海岸线。

（6）海岸永久性堤坝处于平均小潮低潮线以下，为人工海岸线，此类海岸线需要在海岸线以外的海域实施生态化滩涂修复。

四、海岸线其他分类

受到自然泥沙淤积、海岸侵蚀、海平面升降、围填海造地、挖陆筑港等多种自然、人为活动的影响，海岸线在时间尺度上处于不断变化过程中。因此，可根据时间尺度，将海岸线划分为历史岸线、当前岸线和未来岸线。历史岸线指历史

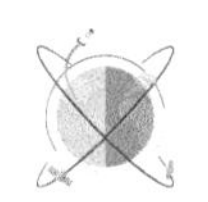

上的海岸线，它可依据历史图件、文字记载、地质调查等方式获取。未来岸线指根据各类用海规划、城镇发展规划等确定的将来海岸线的位置和走向，以及由于自然原因可预知的将来海岸线的位置和走向。

另外，由于海洋和陆地自然属性、开发利用管理方式等方面的差异，往往归属于不同的管理部门。为了便于管理，需要确定一条海陆分界的管理海岸线，管理海岸线以上属于陆地管理，管理海岸线以下属于海洋管理。2009 年以来，我国沿海各省级人民政府陆续审批了各自辖区的管理海岸线，作为海陆管理的分界线。为了便于管理，管理海岸线在许多地方和实际存在的海岸线并不一致，这样就有了管理岸线和实际岸线之分。

第二节　海岸线空间格局遥感监测与评估

海岸线空间格局是海岸线类型、形态、走向等在海岸空间的总体配置。自然海岸线空间格局是海岸线在长期的海陆相互作用下自然形成的空间配置形态。近30年来，随着我国沿海经济社会的高速发展，海洋资源的开发力度持续加大，海岸线及其紧邻的浅海区域成为各类海洋开发利用活动的重点和热点区域，海岸线的资源环境条件也发生了明显改变，突出表现为由人工构筑物构成的人工海岸快速增长，海岸线自然形态和地形地貌等要素发生了显著变化，自然海岸线空间格局逐渐向人工海岸线空间格局转变，海岸生态空间及未来发展空间大幅压缩。海岸线管理是海洋综合管理的重要内容，科学评估海岸线空间格局，及时掌握海岸线保护与开发利用时空态势，对于强化海洋综合管控能力建设、保护海岸线区域生态系统稳定性、推动海洋经济持续发展具有重要意义。

一、海岸线空间格局卫星遥感监测方法

海岸线空间格局卫星遥感监测主要是利用卫星遥感影像上海岸线的形状、尺寸、色彩及结构等特征，提取海岸线空间形态与属性。海岸线遥感监测必须与现场调查相结合，分为不同的海岸线类型，建立海岸线类型卫星遥感解译标志（图3-1），采用人机交互方式目视判别海岸地物特征，提取卫星遥感影像上的海岸线位置。目视判别主要根据卫星遥感影像上海岸线的以下特征：①色调，全色遥感影像中从白到黑的密度比例称为色调（也叫灰度）。砂质海岸中砂砾因含水量不同，在卫星遥感影像上色调也不同，干燥的砂砾色调呈亮白色，潮湿的砂砾则显暗灰色。②颜色，它是卫星遥感影像中目标地物识别的基本标志。目标地物的颜色是地物在可见光波段对入射光选择性吸收与反射在人眼中的主观感受。真彩色合成的卫星遥感影像与地面地物的真实色彩一致。③形状，它是目标地物在遥感影像上呈现的外部轮廓。由于卫星遥感影像多是垂直拍摄的，遥感影像上表现的目标地物形状是地物顶部呈平面形状，与平常看到的物体的侧面形状有一定差异。④大小，它是遥感影像上目标物的形状、面积、长度与体积的度量，是遥感影像上测量目标地物最重要的数量特征之一。依据物体的大小可以推断物体的属

性，但必须考虑遥感影像的比例尺，根据比例尺的大小可以计算或估算遥感影像上地物相应的实际大小。⑤纹理，它是遥感影像中目标地物内部色调有规则变化造成的影像结构。纹理在高空间分辨率卫星遥感影像上可以形成目标物表面的质感。⑥空间布局，它是多个目标地物之间的空间配置关系。依据空间布局可以推断目标地物的属性。

基岩海岸线

砂质海岸线

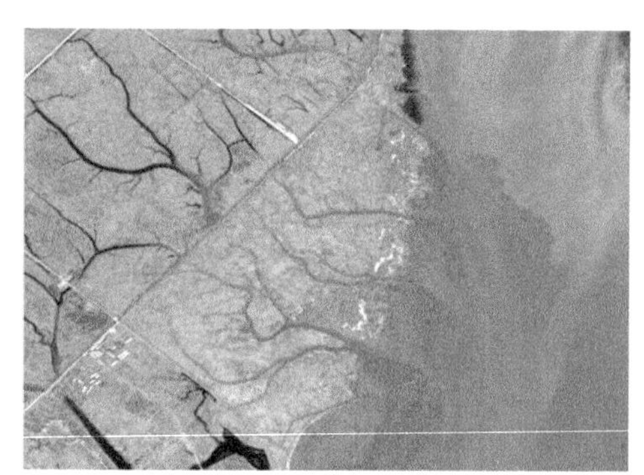
淤泥质海岸线

河口海岸线

港口码头海岸线

围海养殖海岸线

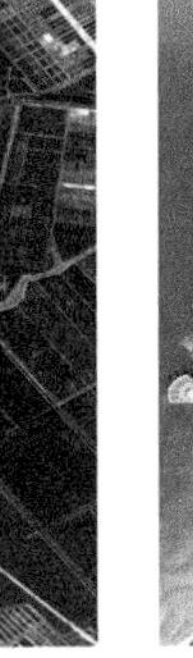

盐田海岸线　　滨海旅游海岸线

图 3-1　海岸线类型遥感影像解译标志

针对卫星遥感影像不同波段的光谱特征，红光波段可测量植物绿色素的吸收率，而且能够区分不同地物类型与陆地植被，适用于提取砂质岸线；蓝光与绿光波段都对水体有透射能力，适合于探测悬浮泥沙，可用于提取粉沙淤泥质岸线；近红外波段对海水和陆地的反射率差别很大，可以用于提取人工岸线和基岩岸线。

1）人工海岸线

人工海岸线一般有规则的水陆分界解译标志，如码头、船坞等规则建筑物，而人工海岸线周围的防波堤宽度很小，在分辨率 15m 的卫星遥感影像中无法显示为一个像元的宽度，在提取过程中不考虑在内。人工海岸线是由水泥和石块构筑的，在近红外波段的影像上具有较高的光谱反射率，与影像中的海水区分明显，可以用锐化滤波器进行影像增强处理，使影像中的边缘特征更加突出后使用 Canny 算子直接进行计算机自动提取。

2）基岩海岸线

基岩海岸线是海浪长期侵蚀海岸岬角所形成的，其解译特征是水陆边界线曲折、海岬突出海域、海湾凹进陆地。基岩海岸海水并不是一直与海蚀崖相接，需要考虑涨落潮对卫星遥感影像中海岸线位置的影响。因此，在确定基岩海岸线时所选用的卫星遥感影像应尽量选取高潮位时刻的影像，以保证所提取海岸线的准确性。确定好影像时相后，采用锐化滤波器对拟采用的卫星遥感影像进行增强处理，使影像中的海陆分界特征更加突出，而后采用 Canny 算子直接进行计算机自动提取。

3）砂质海岸线

砂质海岸线是砂粒在海浪、径流、风力等动力作用下堆积形成的，一般平均大潮高朝线以上会有植被发育，因此可以把沙滩与植被分布的分界线作为海岸线。沙滩在卫星遥感影像上亮度较高，而与沙滩连接的植被在遥感影像上的亮度比较低，所以砂质海岸线在卫星遥感影像上还是比较明显的。

基于以上思路，首先在卫星遥感影像上提取出整个砂质海岸图块，然后取砂质海岸靠近陆地一侧的边缘即可作为砂质海岸线。主要步骤是：①中值滤波，砂质海岸在卫星遥感影像上并不是每个像素都是同样的灰度，在和非砂质地区的连接处会有一些亮度低于砂质而高于非砂质地物的像素，为了去掉这些像素的干扰，可以使用平滑影像的方法，把这些点作为噪声去除。分别使用均值平滑、中值滤波、高斯低通滤波 3 种方法进行试验，结果发现中值滤波的方法能够在去除噪声的同时保持不同亮度影像的阶梯状态。②灰度拉伸，为了将砂质地物与非砂质地物确定为两类不同的地物类型，必须对影像的直方图进行拉伸，使砂质与其他地物分为两个灰度值，实现影像二值化。③边缘提取，影像上的界限确定以后仍可以使用 Canny 算子进行图像边缘的提取。

4）*粉沙淤泥质海岸*

对于已开发的淤泥质海岸，可以选择其他地物（如植被、虾池、公路等）与淤泥质海岸的分界线作为海岸线，这类淤泥质海岸的近岸一侧修筑了大量的虾池、盐田等开发区域，为了避免海洋恶劣天气的影响，在虾池、盐田的近海一侧均修筑了防浪堤，目的是防止大潮高潮时海水无控制的灌入，这些开发区域与淤泥质海岸的分界线就是其海岸线。影像中的虾池、盐田存储有大量海水，与淤泥质海岸区分明显，但是在不同虾池的分界处有一些引海水入池的取排水通道，这些通道在卫星遥感影像中的灰度与淤泥质海岸相同，而且与其相连通，会影响海岸线的提取。

对于未开发的淤泥质海岸，淤泥质岸滩与海水的分界线在卫星遥感影像上很清晰，经过锐化滤波器增强图像后即可使用 Canny 算子提取其分界线。但是，由于其岸滩面积较大，在影像上无法找到明显的解译标志，需要通过潮位与卫星遥感影像的对比进行计算，才能得出海岸线在淤泥质海岸上的准确位置。选取了 3 个相近时期的同一地区淤泥质滩涂的卫星遥感影像，先计算 3 条水边线之间的两块淤泥质岸滩坡度，然后确定平均大潮高潮位时的水位，最后计算对水边线的校正距离，将需要校正的水边线向前移动就可以在图上得出真正意义的海岸线位置。

二、海岸线空间格局评估方法

为了对海岸线的空间格局进行量化评估，本节从海岸线走向改变程度、海岸线自然状态改变程度、海岸线长度变化程度、海岸线利用方向及总体利用强度等方面构建了海岸线空间格局定量评估的指标与计算方法。

1. 海岸线曲折度指数

海岸线曲折度指海岸线在一定尺度上空间走向的弯曲程度。海岸线的曲折度与其空间尺度紧密相关，界定海岸线的曲折度必须在特定的空间尺度下开展。海岸线曲折度的度量可以用海岸线起点至终点的直线距离和海岸线实际长度的比值表示，因此海岸线曲折度是一个相对的比值系数，没有量纲。这里需要注意的是海岸线的起点和终点不能在同一个点上，如海岛岸线。如果需要度量海岛岸线的曲折程度，可以将海岛岸线按照其整体走向，划分为几个岸段，分别计算其海岸线曲折度。海岸线曲折度计算的图示如图 3-2 所示。

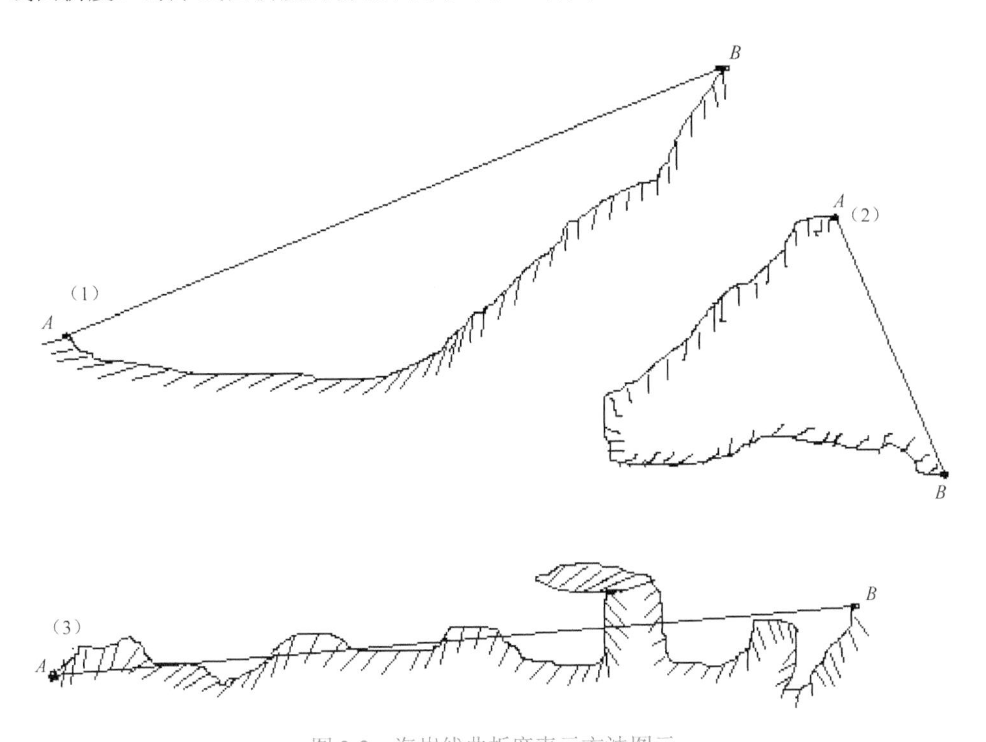

图 3-2　海岸线曲折度表示方法图示
（1）为开敞型海湾海岸线；（2）为狭长型海湾海岸线；（3）为基岩海岸海岸线

海岸线曲折度的计算公式如下：

$$C = \frac{AB}{\overline{AB}} \tag{3-1}$$

式中，C 为海岸线曲折度；AB 为一定尺度下海岸线自起点 A 至终点 B 的实际走向岸线测量长度；$\overline{AB}$ 为海岸线起点 A 至终点 B 的直线距离长度。

2. 海岸线人工化指数

海岸线人工化指通过工程方式将自然海岸线改造形成人工筑造的海岸线。海岸线人工化程度可用海岸线人工化指数来表征，海岸线人工化指数为区域内人工海岸线长度占区域海岸线总长度的比例，也可用百分比表示。海岸线人工化指数也可反映海岸线保护的自然程度，即海岸线自然度，它可用区域内自然海岸线长度占区域海岸线总长度的比例表示。海岸线人工化指数与海岸线自然度指数之间的关系为：海岸线人工化指数 + 海岸线自然度指数 =1.0。

海岸线人工化指数的计算方法如下：

$$R = \frac{M}{N + M} \tag{3-2}$$

式中，R 为海岸线人工化指数；M 为人工海岸线长度；N 为自然海岸线长度。

3. 海岸线冗亏度指数

海岸线冗亏度指由于人类活动、自然冲淤、海平面升降等导致海岸线长度的增加或减少的程度，海岸线长度增加为海岸线冗余，海岸线长度减少为海岸线亏缺。海岸线冗亏度评估采用海岸线冗亏指数来表征，其计算方法如下：

$$R = \frac{L_t}{L_0} \tag{3-3}$$

式中，R 为海岸线冗亏度指数；L_0 为前期海岸线长度；L_t 为后期海岸线长度；R 大于 1.0，说明海岸线长度增加，海岸线出现冗余；R 小于 1.0，说明海岸线长度减少，海岸线出现亏缺。

4. 海岸线开发利用方向与主体度指数

为了从宏观上描述一个区域的海岸线主体组成结构和主体类型的主宰程度，借鉴生态学中生物群落类型的划分方法构建了海岸线主体类型的确定方法：当一个区域某一种海岸线类型长度比例大于 40% 时，则该区域海岸线主体类型组成为某单一主体结构，主体度很明显；当一个区域每种海岸线类型的长度比例都小于 40%，但有两种或两种以上海岸线类型的长度比例大于 20% 时，则该区域海岸线类型组成为这两种或两种以上海岸线类型组成的二元、三元结构，主体度明显；当一个区域每种海岸线类型的长度比例都小于 40%，只有一种海岸线类型大于 20% 时，则该区域海岸线类型组成为多元结构，主体度不明显；当一个区域所有海岸线类型的长度比例都小于 20% 时，则该区域海岸线类型组成为多元结构，无主体类型。

海岸线的主体度采用海岸线长度比例来确定，计算方法为主体类型海岸线长度占区域海岸线总长度的百分比，见下式：

$$D=\frac{L_i}{L_a+L_b+\cdots+L_i}\times 100\% \tag{3-4}$$

式中，D 为海岸线主体度；L_i 为主体类型 i 的海岸线长度；L_a 为类型 a 的海岸线长度；L_b 为类型 b 的海岸线长度。

5. 海岸线开发利用强度指数

为了表示海岸线开发利用的强度，根据不同海岸利用类型对海岸线环境的影响强度，采取咨询专家的方法确定不同海岸线类型影响因子。利用不同海岸线利用强度的影响因子作为权重，采用累积加权构建了海岸线利用强度指数。海岸线利用强度指数的提出旨在客观评估海岸线开发的强度。海岸线利用强度指数的计算公式如下：

$$A=\frac{l_{mb}q_b+l_{mt}q_t+l_{mg}q_g+l_{mf}q_f+l_{mh}q_h+l_{mn}q_n}{l_0} \tag{3-5}$$

式中，A 为海岸线利用强度指数；l 为海岸线总长度；l_{mb}、l_{mt}、l_{mg}、l_{mf}、l_{mh}、l_{mn} 分别为港口码头海岸线、城镇工业海岸线、养殖海岸线、防护海岸线、盐田海岸线和自然海岸线类型的长度；q_b、q_t、q_g、q_f、q_h 和 q_n 分别为上述海岸线类型的影响因子（表 3-1）。

表 3-1 海岸线资源环境影响因子

海岸线分类	海岸资源环境影响描述	影响因子
港口码头海岸线	对海岸资源环境有明显影响，影响不可恢复	q_b=1.0
城镇工业海岸线	对海岸资源环境有较大影响，部分影响不可恢复	q_t=0.8
养殖海岸线	对海岸资源环境有较大影响，部分影响不可恢复	q_g=0.6
防护海岸线	对海岸资源环境有少许影响，同时又有保护农田设施、人民生命财产安全等诸多正面影响	q_f=0.2
盐田海岸线	对海岸资源环境有少许影响，同时又有保护农田设施、人民生命财产安全等诸多正面影响	q_h=0.2
自然海岸线	对海岸资源环境影响很小	q_n=0

三、辽宁省海岸线空间格局遥感监测与评估实证研究

1. 海岸线空间特征分析

辽宁省海岸线长度为2320.62km，其中大连市海岸线最长，占全省海岸线总长度的57.28%，其次为葫芦岛市，占12.44%，其他的丹东市、盘锦市、营口市、锦州市的比例依次为6.82%、9.74%、7.20%、6.52%。采用海岸线曲折度来分析辽宁省海岸线的曲折特征，由表3-2可以看出，辽宁省海岸线总体曲折度为6.09，其中大连市曲折度最大，达到9.57，其他区域的海岸线曲折度都小于全省平均海岸线曲折度。

表3-2 辽宁沿海各市海岸线空间格局评估

区域	海岸线长度比例/%	曲折度指数	冗亏度指数	人工化指数	开发利用强度指数
葫芦岛市	12.44	2.11	1.14	0.56	0.27
锦州市	6.52	3.16	1.38	0.75	0.53
盘锦市	9.74	4.19	1.33	0.55	0.41
营口市	7.20	2.55	1.14	0.60	0.42
大连市	57.28	9.57	1.02	0.39	0.35
丹东市	6.82	2.07	1.11	0.83	0.44
辽宁省总体	100.00	6.09	1.18	0.64	0.39

对2005～2015年的海岸线冗亏程度进行分析，发现辽宁省海岸线总体冗亏度指数为1.18，说明10年间辽宁省海岸线总体长度增加了。具体到辽宁省6个沿海区域，它们的海岸线冗亏度指数都在1.0以上，表明10年间各个区域的海岸线长度都有所增加。在6个区域中，以锦州市海岸线冗亏度指数最大，为1.38，其次为盘锦市，海岸线冗亏度指数为1.33，说明10年间以上两个区域的海岸线都增加了30%以上；葫芦岛市和营口市的海岸线冗亏度指数都为1.14，说明以上两个区域的海岸线长度总体变化不大，而大连市的海岸线冗亏度指数最小，只有1.02。

海岸线人工化指数是对海岸线人工化程度的度量，由表3-3可以看出，辽宁地区海岸线人工化指数总体为0.64。表现在辽宁6个沿海区域中，可以划分为3个海岸线人工化程度层次，海岸线人工化程度较高的区域为丹东市和锦州市，其中丹东市海岸线人工化指数达到0.83，说明丹东市83%的海岸线已经成为堤坝等人工构筑的海岸线；锦州市海岸线人工化指数为0.75，表明锦州市有75%的海岸线被人工构筑的堤坝所替代。处于第二个层次的是葫芦岛市、盘锦市和营口市，它们的海岸线人工化指数分别为0.56、0.55和0.60，说明这3个区域海岸线的人工化程度为55%～60%。大连市海岸线人工化程度最低，为全省海岸自然景观保护最好的区域，海岸线人工化指数仅为0.39，即39%的海岸线区域为人工海岸线。

2. 海岸线开发利用主体类型与主体度评估

表 3-3 为辽宁省海岸线开发利用主体类型与主体度指数，可以看出辽宁省 6 个沿海区域中，锦州市、盘锦市和丹东市海岸线利用结构为单一主体类型结构，其中盘锦市和丹东市海岸线开发利用主体类型为养殖海岸线，养殖海岸线的主体度指数分别为 0.85 和 0.93，养殖利用的主体地位非常明显。锦州市的海岸线开发利用主体类型为港口海岸线，港口海岸线的主体度指数为 0.51。葫芦岛市、营口市和大连市海岸线开发利用结构为二元结构，其中营口市海岸线开发利用为养殖 - 港口二元结构，第一、第二主体度分别为 0.34 和 0.28；葫芦岛市海岸线开发利用为砂质 - 养殖二元结构，砂质海岸线为第一主体类型，主体度达到 0.43，说明葫芦岛市海岸线开发利用中，原砂质海岸线仍占有较大比重，保护的自然程度较好，养殖海岸线为第二主体类型，主体度为 0.38。大连市海岸线开发利用为基岩 - 港口二元结构，基岩海岸线为第一主体类型，主体度为 0.33，第二主体类型为港口海岸线，主体度为 0.24，说明大连市的海岸线以原有的自然基岩海岸线和开发利用的港口海岸线为主要类型。

表 3-3　辽宁省沿海各县（市、区）海岸线主体类型与主体度

县（市、区）	海岸线结构	主体类型	主体度
葫芦岛市	二元结构	砂质海岸线 养殖海岸线	42.71 37.81
锦州市	单一主体结构	港口海岸线	50.82
盘锦市	单一主体结构	养殖海岸线	84.61
营口市	二元结构	养殖海岸线 港口海岸线	33.86 27.75
大连市	二元结构	基岩海岸线 港口海岸线	33.17 24.38
丹东市	单一主体结构	养殖海岸线	92.47

3. 海岸线开发利用综合强度分析

从表 3-2 辽宁省海岸线土地开发利用强度指数可以看出，辽宁省海岸线开发利用强度指数以辽东湾的锦州市海岸线最大，开发利用强度指数为 0.53，因为锦州市海岸线是锦州港和近年来开发的锦州滨海新区的所在区域，建设用海岸线高达 24.03%，所以海岸线开发利用强度指数在辽宁省 6 个区域中最大。其次为丹东市、营口市和盘锦市，海岸线开发利用强度指数分别为 0.44、0.42 和 0.41，丹东市海岸线主要由于丹东港及养殖开发增加了其开发利用强度，营口市海岸线主要是鲅鱼圈港和营口市沿海工业基地建设提高了其开发利用强度，而盘锦市海岸线主要由于辽滨沿海经济区开发建设及养殖围海增加了海岸线的开发利用强度。大连市和葫芦岛市海岸线开发利用强度指数相对比较小，分别为 0.35 和 0.27，大连市主要是因为海岸线长度最长，相对的开发利用岸线长度比例较低，而葫芦岛

市一方面是海岸线本身相对长度大，另一方面是海岸线总体的开发利用强度也较低。

四、小结

本节在海岸线卫星遥感监测技术的基础上，构建了海岸线曲折度、海岸线冗亏度指数、海岸线人工化指数、海岸线开发利用强度指数和海岸线开发利用主体类型及主体度的评估指标方法，并以辽宁省海岸线空间格局为例进行了实证研究，研究结果表明：基于卫星遥感影像和 GIS 的海岸线空间格局评估指标可以较好地对海岸线空间格局特征进行监测评估，可以真实地揭示海岸线的空间走向、长度变化、自然属性改变及开发利用状况等综合特征，是海岸线空间格局评估的重要描述指标。辽宁省海岸线空间曲折度大，近 10 年来，由于开发利用，海岸线长度有所增加，其中锦州市和盘锦市海岸线的增加达到 30% 以上，海岸线开发利用导致人工海岸线比重增大，丹东市和锦州市人工海岸线比重分别达到 83% 和 75%。海岸线的总体开发利用以养殖利用和港口利用为主，大连市基岩海岸线和葫芦岛的砂质海岸线仍占一定比重，海岸线综合利用强度都比较高。

第三节　海岸线生态化遥感监测与评估

海岸线受到潮汐、波浪、风暴潮等海洋水动力环境的影响，时刻处于变化过程中。这种海岸线的往复涨落变化造就了海洋与陆地之间一种独特的生态系统——潮间带生态系统。潮间带生态系统受海水涨落影响，涨潮为海，落潮为滩，具有海洋、陆地、湿地等多种生境特征，是许多海洋生物、湿地生物、水陆两栖生物乃至鸟类的重要栖息地，被称为全球生物多样性最为丰富的生态系统之一。

纵观国内外海岸线研究，发现一些学者虽然将海岸线划分为基岩海岸线、砂质海岸线、淤泥质海岸线、人工海岸线等类型，并建立了各类海岸线的遥感影像特征及解译标志，但关于自然海岸线和人工海岸线的科学界定，一直缺乏详细的理论探讨，以至于许多研究仅通过遥感影像判读将海岸带存在人工构筑物的岸段全部划分为人工海岸线，这与海岸线的实际情况是相悖的。对于人工海岸线，也不能完全否认其生态功能，而应根据其对潮间带生态系统完整性的影响程度区别对待，对于那些处于潮间带以上，对潮间带生态系统完整性影响不大的防潮堤坝不能完全视为人工海岸线。

为揭示人类活动对海岸线生态功能的改变程度，本节以潮滩生态系统完整性理论为基础，建立了海岸潮间带完整性遥感监测的技术方法，以及海岸线生态化评估的模型与方法，以期为海岸线生态化遥感监测与评估提供理论与技术依据。

一、潮间带生态系统完整性识别与类型划分

根据潮间带定义，平均大潮高潮时刻的水陆边界线与平均小潮低潮时刻的水陆边界线之间为潮间带，具体如图 3-3 所示。潮间带在自然状态下，平均小潮低潮时刻的水陆边界线至平均大潮高潮时刻的水陆边界线之间的平面直线距离为 L。如果因人类活动，在潮间带构筑了海岸人工堤坝，平均大潮高潮时刻的水陆边界线就会向海推进，平均小潮低潮时刻的水陆边界线至平均大潮高潮时刻的水陆边界线之间的平面直线距离就会发生变化。为了定量描述人类构筑的海岸人工堤坝对潮间带生态完整性的影响程度，本节构建潮间带完整性系数如下：

$$Q=\frac{k}{L} \tag{3-6}$$

式中，Q 为潮间带完整性系数；L 为潮间带无人类活动干扰情况下平均小潮低潮时刻的水陆边界线至平均大潮高潮时刻的水陆边界线的平面直线距离；k 为潮间带存在海岸人工堤坝情况的下平均小潮低潮时刻的水陆边界线至海岸人工堤坝坡脚的平面直线距离。在潮间带存在海岸人工堤坝的情况下 L 一般难以直接测量，但可以通过测量平均大潮高潮时刻的海岸人工堤坝坡脚处水深和潮间带平均坡度间接推算，具体推算公式如下：

$$L=k+h\cot a \tag{3-7}$$

式中，h 为平均大潮高潮时刻海岸人工堤坝坡脚处水深；a 为海岸潮间带平均坡度。

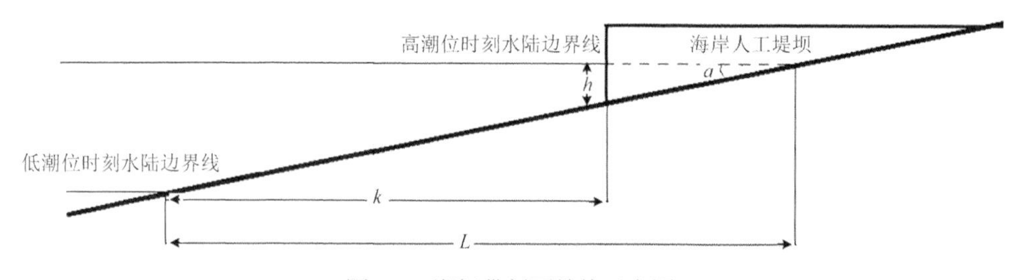

图 3-3　潮间带剖面结构示意图

通过潮间带完整性系数 Q 可以判断潮间带的完整性程度，当 $Q \geqslant 1.0$ 时，说明海岸人工堤坝位于潮间带平均大潮高潮时刻的水陆边界线以上，海岸人工堤坝对潮间带完整性没有影响，属于自然海岸线；当 $Q \leqslant 0$ 时，说明海岸人工堤坝位于潮间带平均小潮低潮时刻的水陆边界线及以下，海岸人工堤坝占用了全部潮间带空间，潮间带生态系统完全消失，属于无生态功能的人工海岸线；当 $0 < Q < 1.0$ 时，说明海岸人工堤坝位于潮间带平均小潮低潮时刻的水陆边界线与平均大潮高潮时刻的水陆边界线之间，海岸人工堤坝占用了部分潮间带空间，潮间带完整性受到部分影响，属于具有一定生态功能的人工海岸线。为了强化海岸线的精细化管理，本节将这种具有一定生态功能的人工海岸线进行进一步细分，具体见表 3-4。

表 3-4　海岸线生态化类型划分

序号	海岸线类型	Q 值	海岸人工堤坝位置	海岸人工堤坝对潮间带生态系统完整性影响程度
1	自然海岸线	$\geqslant 1.0$	平均大潮高潮时刻水陆边界线以上	无影响
2	具有基本生态功能的人工海岸线	$0.80 \leqslant Q < 1.0$	大潮高潮时刻与小潮低潮时刻水陆边界线之间	有少量影响，但不影响潮间带生态系统的基本功能

续表

序号	海岸线类型	Q值	海岸人工堤坝位置	海岸人工堤坝对潮间带生态系统完整性影响程度
3	具有部分生态功能的人工海岸线	$0.50 \leqslant Q < 0.80$	大潮高潮时刻与小潮低潮时刻水陆边界线之间	有一定影响，但潮间带生态系统仍具有部分生态功能
4	具有有限生态功能的人工海岸线	$0.20 \leqslant Q < 0.50$	大潮高潮时刻与小潮低潮时刻水陆边界线之间	有较大影响，但潮间带生态系统仍有有限的生态功能
5	具有少量生态功能的人工海岸线	$0 < Q < 0.20$	大潮高潮时刻与小潮低潮时刻水陆边界线之间	有很大影响，潮间带生态系统只有少量生态功能
6	无生态功能的人工海岸线	$\leqslant 0$	平均小潮低潮时刻水陆边界线及以下	影响极大，潮间带生态系统消失，基本不具备生态功能

二、水陆边界线卫星遥感影像信息提取

根据海岸区域潮汐表，收集大潮高潮时刻和小潮低潮时刻过境的高空间分辨率卫星遥感影像各若干景，同时收集 1 ∶ 10 000 数字地形图作为参考数据。由于大气校正和辐射校正在卫星地面接收站已进行了处理，数据预处理主要进行几何精校正，具体方法如下：①在覆盖研究区域的卫星遥感影像上均匀布设地面控制点，地面控制点主要选取道路交叉口和围堰交叉口，交叉口尽量呈直角，定于两条道路或围堰相交边线的直角顶点，便于实测定位；②利用车载 GPS 在现场找到卫星遥感影像上的控制点位置，采用高精度信标机在控制点上进行现场定位；③利用遥感影像处理软件对卫星遥感影像全色波段进行几何精校正，校正方法参考相关文献。利用 1 ∶ 10 000 数字地形图对比检查精校正好的卫星遥感影像。

水陆边界线在卫星遥感影像上可以看作影像灰度值发生阶跃变化的边缘点集合，可用边缘检测算法自动提取水陆边界线，常用的边缘检测算法有 Roberts 算法、Prewitt 算法、Sobel 算法、Laplace 算法、Canny 算法等，其中 Canny 算法对于卫星遥感影像中水陆边界线的阶梯形边缘检测效果最好。Canny 算法的第一步是降低噪声信息。采用高斯 mask 对原始遥感影像作卷积处理，得到的影像与原始影像比有些模糊（blurred)；第二步是寻找影像中的亮度梯度。影像中的边缘可能会指向不同的方向，所以 Canny 算法使用 4 个 mask 检测水平、垂直及对角线方向的边缘，分析从原始影像生成的影像中每个点亮度梯度以及亮度梯度的方向。第三步是在影像中跟踪边缘。影像中较高的亮度梯度有可能是边缘，但是没有一个确切的值来限定多大的亮度梯度是边缘，所以 Canny 算法使用了滞后阈值来确定边缘走向。

采用 Canny 算法分别提取研究区大潮高潮时刻和小潮低潮时刻获取的卫星遥感影像上的水陆边界线，在卫星遥感影像提取的水陆边界线中选取大潮高潮时刻的最高线和小潮低潮时刻的最低线分别作为海岸高潮时刻和低潮时刻的水陆边

界线。将遥感影像提取的大潮高潮时刻水陆边界线和小潮低潮时刻水陆边界线与1：10 000地形图中的等高线进行叠加对比，并在大潮高潮时刻水陆边界线和小潮低潮时刻水陆边界线随机选取检验点，统计分析卫星遥感影像提取的大潮高潮时刻和小潮低潮时刻水陆边界线的准确性。

三、海岸线生态化评估指标

为了定量描述一个区域海岸线生态化水平的总体状况，或者反映一个区域海岸线生态功能受人类活动影响程度的总体状况，在海岸潮间带完整性系数的基础上，构建海岸线生态化指数，计算方法如下：

$$\mathrm{EC}_i = \frac{\sum_{j=1}^{n}(l_j Q_j)}{\sum_{j=1}^{n} l_j} \tag{3-8}$$

式中，EC_i为第i区域海岸线生态化指数；Q_j为第j岸段海岸潮间带完整性系数；l_j为第j岸段长度；j为第i区域岸段数量。

四、营口市海岸线生态化遥感监测与评估

1. 营口市海岸潮间带完整性分析与生态化类型划分

图3-4为卫星遥感影像提取的营口市海岸大潮高潮时刻和小潮低潮时刻水陆边界线。图3-5为营口市海岸潮间带完整性系数分布图，可以看出营口市潮间带完整性系数为1.0的岸段，主要分布在团山、月亮湾、仙人岛和白沙湾，长度分别为5.62km、4.09km、3.93km和11.15km，其中团山岸段和仙人岛岸段为基岩海岸线，月亮湾岸段和白沙湾岸段为砂质海岸线。潮间带完整性系数为0的岸段，主要分布在鲅鱼圈港口码头区、仙人岛石化工业区、鞍钢工业区及蓝旗海岸围海养殖区，长度分别为36.56km、17.84km、17.55km和6.10km，全部为人工堤坝海岸线。潮间带完整性系数处于0.80～0.99的海岸线长度为8.83km，占研究区海岸线总长度的3.73%，主要分布在仙人岛、北海局部岸段，长度分别为2.79km和4.52km。潮间带完整性系数处于0.50～0.79的海岸线长度为24.67km，占研究区海岸线总长度的10.43%，主要分布在北海、红旗桥、月亮湾等局部岸段。潮间带完整性系数处于0.20～0.49的海岸线长度为14.82km，占研究区海岸线总长度的6.26%，主要分布在四道沟、新海大街、大清河局部岸段，长度分别为2.05km、1.84km和2.85km。潮间带完整性系数处于0～0.19的海岸线长度为36.75km，占研究区海岸线总长度的15.53%，主要分布在四道沟以南、沿海产业基地岸段，长度分别为4.95km和27.95km。

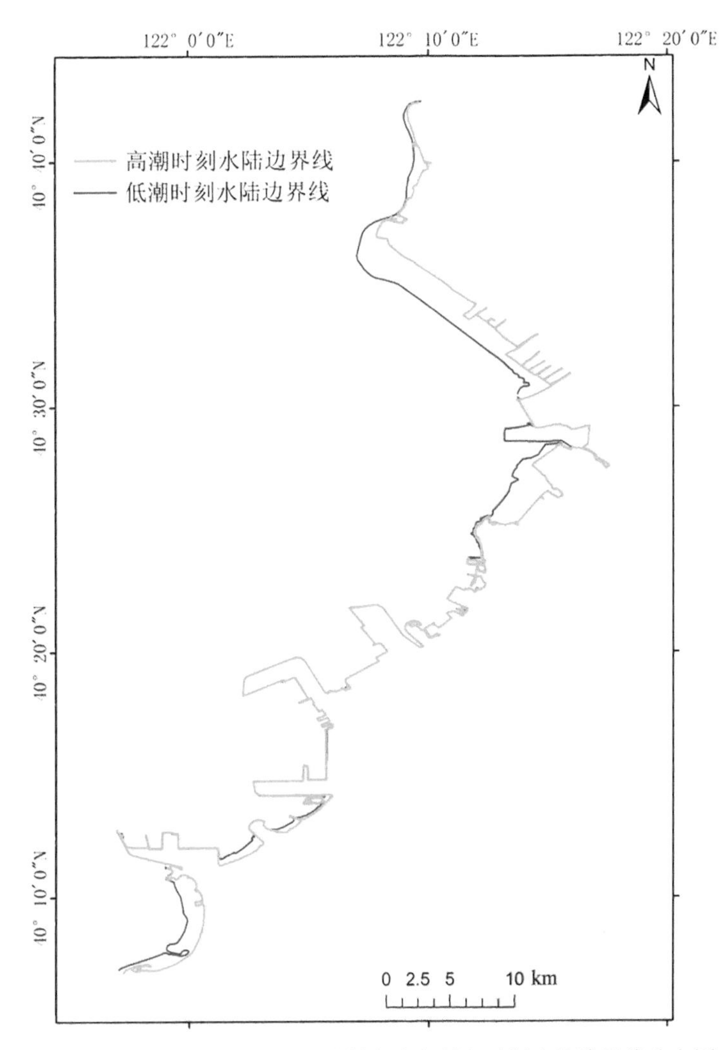

图 3-4 营口市海岸大潮高潮时刻和小潮低潮时刻水陆边界线分布图

根据潮间带完整性系数，可将营口市海岸线划分为自然海岸线、具有基本生态功能的人工海岸线、具有部分生态功能的人工海岸线、具有有限生态功能的人工海岸线、具有少量生态功能的人工海岸线和无生态功能的人工海岸线6种类型，各类海岸线生态化类型长度与分布具体见表 3-5。

2. 营口市海岸线生态化状况分析

图 3-6 为研究区海岸线生态化指数区域分布图，可以看出研究区海岸线生态化指数总体为 0.29，但各个区域差异比较大。盖州南部岸段海岸线生态化指数最大，为 0.55，主要是因为该区域自然砂质海岸线所占比例很大，海岸人工构筑物多位于平均大潮高潮线以上，对潮间带生态系统完整性影响较小。西城区岸段海

岸线生态化指数略小于盖州南部岸段，该岸段处于大辽河入海口，人类活动干扰较少，滨海公路多处通过涵洞与公路以上芦苇湿地连通，海岸基本保持自然状态。盖州北岸段海岸线生态化指数为0.40，该岸段北部海岸线主要以团山岸段的基岩海岸线和其以南的砂质海岸线为主，潮间带人工构筑物相对比较少，人类活动对海岸线的干扰小。老边区海岸线生态化指数为0.17，该岸段北部人工防护堤坝外存在较宽的潮间带湿地，具有一定的生态功能，南部海岸近年来实施了大规模的围海养殖工程，使养殖堤坝深入低潮线以下区域，潮间带滩涂湿地基本消失，海岸生态功能十分有限。鲅鱼圈区海岸线生态化指数最小，仅为0.10，主要是因为该区域海岸修建了鲅鱼圈港、鞍钢工业区，港口码头岸线直接进入深水海域，海岸堤坝大多位于潮间带低潮线以下，海岸潮间带生态系统多已不复存在。

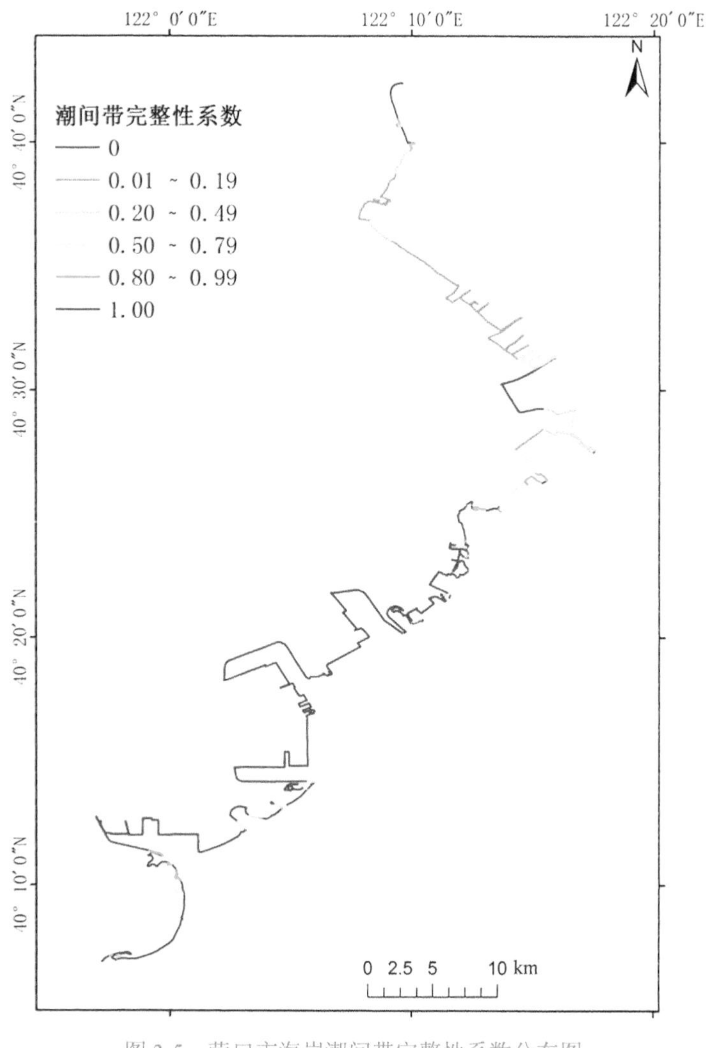

图3-5 营口市海岸潮间带完整性系数分布图

表 3-5 营口市海岸线生态化类型表

海岸线类型	长度 /km	所占比例 /%	主要分布岸段
自然海岸线	43.33	18.31	团山、月亮湾、仙人岛、白沙湾等
具有基本生态功能的人工海岸线	8.83	3.73	仙人岛、北海等
具有部分生态功能的人工海岸线	24.67	10.43	北海、红旗桥、月亮湾等
具有有限生态功能的人工海岸线	14.82	6.26	四道沟、新海大街、大清河等
具有少量生态功能的人工海岸线	36.75	15.53	四道沟以南、沿海产业基地等
无生态功能的人工海岸线	108.24	45.74	鲅鱼圈港口码头区、仙人岛石化工业区等

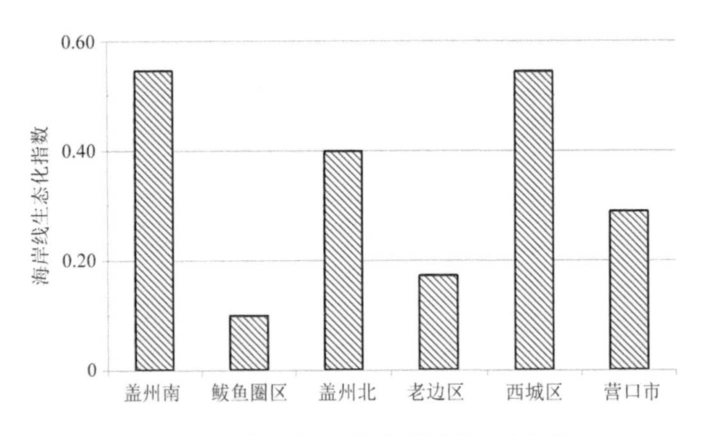

图 3-6 营口市各区域海岸线生态化指数

五、小结

本节采用卫星遥感技术结合现场调查的方法，探索构建了潮间带生态系统完整性判定的理论方法，以此为基础来划分自然海岸线和人工海岸线，并根据人工海岸线潮间带生态系统完整性的受损程度，将人工海岸线细化为具有基本生态功能的人工海岸线、具有部分生态功能的人工海岸线、具有有限生态功能的人工海岸线、具有少量生态功能的人工海岸线和无生态功能的人工海岸线 5 种类型。在此基础上，构建了海岸线生态化指数，为海岸线类型划分及其生态化监测与评估提供技术方法。希望本方法能够为自然海岸线的界定、海岸线生态化监测、生态用海模式探索及人工海岸线生态化建设等落实海洋生态文明建设要求，保护海岸生态功能的精细化监管提供思路与技术方法。

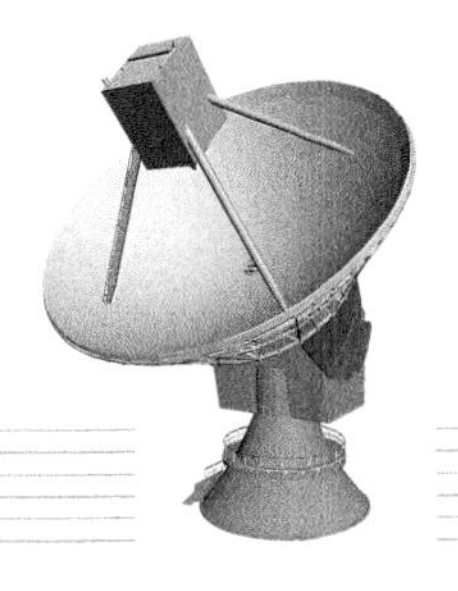

第四章

围填海遥感监测与评估

第一节　区域围填海空间格局遥感监测与评估

围填海是人类海洋开发活动中的一种特别的海洋工程，是人类向海洋拓展生存空间和生产空间的一种重要手段，也是沿海地区缓解土地供求矛盾、扩大社会生存和发展空间的有效手段，具有巨大的社会和经济效益。许多沿海国家和地区，都对围填海工程非常重视，特别是人多地少问题突出的城市和地区，更加依赖围填海造地带来再次发展的契机。围填海在带来巨大的社会经济效益的同时，也会对海洋资源环境产生重要影响。科学的围填海空间布局不仅可以有效增加海岸线长度、改善海岸环境、减少围填海工程对海洋环境的干扰与破坏，而且可以合理引导临海产业的空间布局，促进海洋经济的健康持续发展。因此，从区域宏观尺度开展围填海空间格局的分析与评估，对于优化围填海空间布局、促进海洋经济结构转型、保护海洋资源环境都具有重要意义。

一、围填海空间格局卫星遥感监测方法

围填海空间格局卫星遥感监测方法大体上可以归纳为两类：一类以获取海域围填前后卫星遥感影像光谱变化信息的数量和位置为监测目标，主要有影像差值法、比值法、植被指数法、主成分差异法等；另一类不仅可以获取变化信息的数量和位置，而且可以获取每一个像元的转变类型，如分类后比较法、直接多时相分类法等。

1. 影像差值法

选取同一监测区的围填海前后两个时相的遥感影像，影像中未发生变化的海域在两个时相的遥感影像上一般具有相等或相近的灰度值，而当海域属性发生变化时，对应位置的灰度值将有较大的差别。将两个时相的卫星遥感影像像元值相减，发生海域自然属性变化部分的灰度值会与背景值有较大差别，从而使围填海信息从背景影像中显现出来。该方法具有操作简便、快速的优点，但不足之处是它对影像的时相要求较高，最好时相属于同一季节。由于影像处理通过点对点运算，差值后的影像会产生很多噪声，而且存在同谱异物和同物异谱的现象，也会

造成很多伪变换信息，对信息发现不利。尽管影像差值法存在一定的缺陷，但对于海域使用类别比较单一、色调纹理比较均匀的区域，其变化信息特征的表现还是比较明显的；而在影像特征相对复杂时，该方法还可以配合其他方法综合使用。

2. 多波段主成分变换法

海域自然属性发生变化时，必将导致遥感影像某几个波段上的灰度值发生变化，因此对于围填海信息的发现，只需要找出各时相影像中对应波段上灰度值的差别并确定这些差别的范围，便可以发现和提取围填海信息。方法是将两个时相的遥感影像进行纠正和配准，并将两个时相的遥感影像的各个波段进行组合形成一个波段数为原两个时相的遥感影像波段数之和的新影像，再对该新影像进行主成分分析变换。由于变换结果前几个分量上集中了两时相影像的主要信息，而后几个分量则反映出了两时相影像的差别信息，因此，在进行围填海信息监测时，可以有选择地抽取后几个分量进行波段组合从而提取围填海信息。

3. 主成分差异法

主成分差异法是对围填海前后两个时相的多波段遥感影像分别进行主成分变换，然后对变换结果取差值的绝对值作为处理结果，得到围填海信息。对围填海前后两个时相的多波段遥感影像分别进行主成分变换时，前面的分量集中了影像的主要信息，因此，在做影像的差值时，前面的分量也就相应地反映了原始影像中对应的变化信息。最后，可以利用处理后差值影像的各个波段分量进行选择性组合，发现不同时相影像的变化信息。据一些研究资料表明，两个时相的多波段遥感影像进行 PCA 变换后相差的第一分量已经覆盖了几乎所有的围填海信息。

4. 光谱特征变异法

运用多源遥感影像融合技术，将来自不同传感器的多时相遥感影像进行融合处理，使融合处理后的遥感影像中信息变化的区域呈现特殊的影像特征。其原理就是同一地物的波谱影像特征反映多时相遥感影像在融合处理后，其波谱信息一一对应，若多时相遥感影像相互波谱信息不一致，则在影像上会发生地物光学波谱特征变异，即可利用这种地物光学波谱特征变异，发现海域自然属性改变信息（即围填海信息）。这种方法对于变化信息的发现与提取具有物理意义明显、简洁的特点。

5. 人机交互法

利用卫星遥感影像上围填海区域的形状、尺寸、色彩及结构等特征与现场调查相对应，建立解译标志。通过人机交互解译，从变化信息特征增强的影像中

手工描绘出围填海区域。并结合实地调查资料与卫星遥感影像特征，逐个判别围填海斑块的具体用途。围填海用途一般包括：城镇建设、港口码头建设、临海工业、围海养殖、盐田、耕地和其他等。人机交互的最大特点就是加入了人脑的思维和判断，相当于简单的专家决策，信息发现与提取精度比较高。

6. 其他方法

影像回归法：通过建立影像动态监测的回归方程，假设时相Ⅰ的像元与时相Ⅱ的像元存在线性关系，以最小二乘法建立回归方程，最后通过阈值限定的方法确定影像变化区域。

比值法：对选取的多时相卫星遥感影像中的两监测时相的影像，进行单波段或多波段之间的比值运算处理。该方法可以消除影像共同的噪声，并且在围填海区域中影像的色调异常突出和明显，一些细微和独立的地物变化信息能够在影像融合后表现出来，是动态监测的有力手段之一。

阈值法：在遥感影像中，每类地物都对应特定的灰度域，在变化信息特征增强的影像上，变化区域的灰度值与其他区域的灰度值一般有明显的差别。因此，可以根据直方图和影像特征，交互确定灰度区域的上下限阈值。然后利用阈值将发生变化的区域从影像中提取出来，得到围填海信息。

二、围填海空间格局评估方法

为了对围填海的空间分布格局进行量化度量，本节以景观生态学中的景观格局指数为参考，根据围填海空间形态特征，构建了围填海空间格局参数，包括平均围填海宗块面积、围填海强度指数、围填海宗块形状指数、围填海多样性指数、围填海面积变异系数，各参数的计算方法如下。

1. 平均围填海宗块面积

平均围填海宗块面积是指区域内围填海宗块的平均面积。用区域内所有围填海面积（hm^2）除以围填海宗块数量，再乘以 10^4 转换为平方千米（km^2）。

$$\mathrm{MPS}=\frac{A}{N}\times 10^4 \tag{4-1}$$

式中，MPS 为平均围填海宗块面积；A 为区域内围填海总面积；N 为围填海宗块数量。MPS ＞ 0。

2. 围填海强度指数

围填海强度指数是反映区域内围填海规模大小强度的指标，指单位长度海岸线上（即 1km）的围填海面积，可用下式表示：

$$\mathrm{PD}=\frac{S}{L} \tag{4-2}$$

式中，PD 为围填海强度指数；S 为围填海面积；L 为海岸线长度。取值范围：PD ＞ 0。

3. 围填海宗块形状指数

围填海宗块形状指数是反映单个围填海宗块空间平面几何复杂程度的指标，可以用围填海宗块总周长除以围填海宗块总面积的平方根，再乘以正方形校正常数表示，其计算方法见下式：

$$\mathrm{LSI}=\frac{0.25E}{\sqrt{A}} \tag{4-3}$$

式中，E 为围填海宗块总周长；A 为围填海宗块总面积，当围填海宗块是一个正方形状时，LSI=1；当围填海宗块形状不规则或偏离正方形时，LSI 值增大，其倒数为围填海宗块紧凑度指数。

4. 围填海多样性指数

围填海多样性指数是指围填海类型与面积大小多样性的综合，计算方法为将每一类围填海面积占区域总围填海面积比例乘以其对数，然后求和，取负值。公式如下：

$$\mathrm{SHDI}=-\sum_{i=1}^{m}[P_i\ln(P_i)] \tag{4-4}$$

式中，SHDI 是围填海多样性指数；P_i 是第 i 类围填海类型的面积比例。取值范围：SHDI ≥ 0。当区域内只有一种围填海类型时，SHDI=0，当区域内围填海类型增多或各个围填海类型宗块所占面积比例趋于相似时，SHDI 值最大。

5. 围填海面积变异系数

围填海面积变异是指围填海宗块之间面积的差异程度，用围填海面积变异系数描述，围填海面积变异系数的计算方法如下：

$$\mathrm{PSCV}=\frac{\mathrm{PSSD}}{\mathrm{MPS}}\times 100 \tag{4-5}$$

式中，PSCV 为围填海面积变异系数；MPS 为平均围填海宗块面积；PSSD 为围填海宗块面积标准差，其计算方法如下：

$$\mathrm{PSSD}=\sqrt{\frac{\sum_{i=1}^{m}\sum_{j=1}^{n}(a_{ij}-\mathrm{MPS})^2}{N}}\times 10^6 \tag{4-6}$$

式中，a_{ij} 为第 i 类围填海类型第 j 个斑块的面积，MPS 同上，N 同上。

三、辽东湾围填海空间格局遥感监测与评估实证研究

1. 围填海宗块的面积特征

1990 ～ 2010 年辽东湾围填海总面积为 35 720.98hm^2，共有 122 宗围填海宗块，平均围填海宗块面积为 293.04hm^2/ 宗（图 4-1），在辽东湾所在的 5 个区域中，锦州市和盘锦市的平均围填海宗块面积分别为 754.05hm^2/ 宗、710.64hm^2/ 宗，大于辽东湾的平均值，其他区域的平均围填海宗块面积均小于此，其中葫芦岛市平均围填海宗块面积仅为 80.27 hm^2/ 宗。

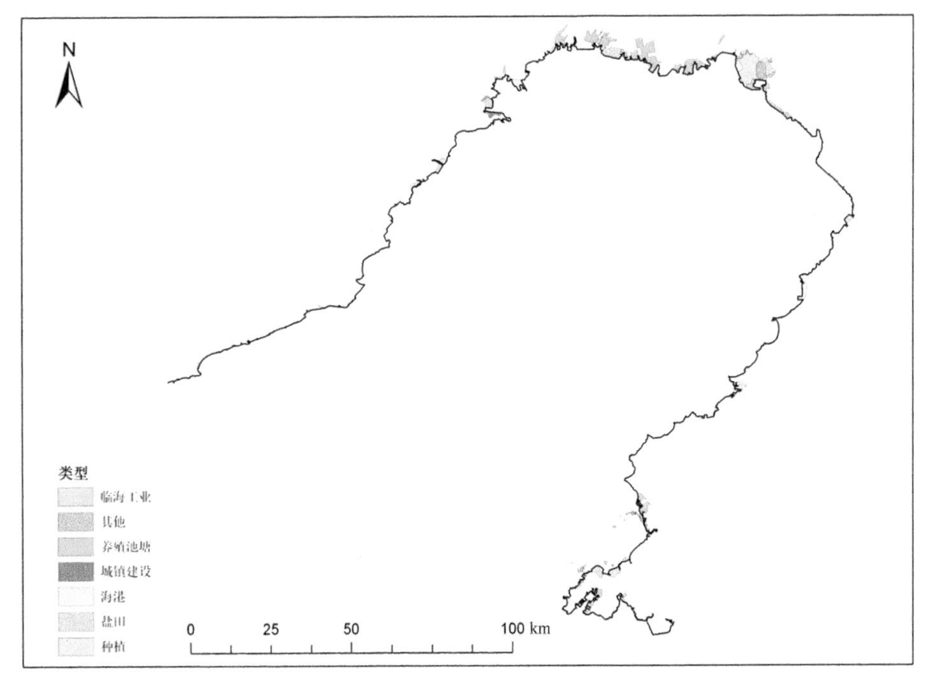

图 4-1　辽东湾围填海空间分布

在辽东湾所有围填海用途类型中，盐田围填的平均宗块面积为 623.59hm^2/

宗，养殖池塘的平均宗块面积为 245.96hm²/ 宗，港口围填的平均宗块面积最小，仅为 76.63hm²/ 宗。辽东湾耕地围填的平均宗块面积最大，达到 3026.64hm²/ 宗，其他围填海用途的平均宗块面积为 1373.45hm²/ 宗（表 4-1）。

表 4-1 辽东湾不同围填海类型的空间格局指数

类型	临海工业	养殖池塘	城镇建设	港口	盐田	耕地	其他
平均围填海宗块面积 /（hm²/ 宗）	232.34	245.96	135.97	76.63	623.59	3026.64	1373.45
围填海形状指数	2.32	11.44	2.51	3.59	3.92	2.43	0.97

为了反映不同围填海宗块之间面积的差别，本节采用围填海宗块面积变异系数来度量这种差异。由表 4-2 可以看出，辽东湾总体围填海宗块面积变异系数较大，达到 2.32。研究区 5 个区域中，以葫芦岛市的围填海宗块面积变异系数最大，为 1.96，其次为盘锦市的围填海宗块面积变异系数，为 1.89。锦州市的围填海宗块面积变异系数最小，为 1.07。大连市和营口市围填海宗块面积变异系数分别为 1.78 和 1.42。在葫芦岛市围填海斑块中，一方面围填海宗块数目较多，另一方面存在着 2 宗面积较大的围填海宗块，面积都在 1000hm² 以上，而营口市围填海宗块数目较少，且面积都相对均匀，差异不是很大。

表 4-2 辽东湾不同区域的围填海空间格局指数

区域	平均围填海宗块面积 /hm²	围填海强度 /（hm²/km）	围填海形状指数	围填海多样性指数	围填海宗块面积变异系数
葫芦岛市	80.27	11.71	5.56	1.41	1.96
锦州市	754.05	91.39	18.73	0.77	1.07
盘锦市	710.64	93.02	5.45	0.96	1.89
营口市	178.69	14.07	2.99	1.00	1.42
大连市	164.75	18.23	8.58	0.64	1.78
辽东湾总体	293.04	35.89	12.66	1.38	2.32

2. 围填海宗块的空间形状

围填海宗块可以看作在海面基质中的镶嵌体，围填海的外部形状可以用形状指数和围填海密度来度量。从表 4-2 中围填海宗块的形状指数的计算结果看出，辽东湾围填海宗块平均形状指数为 12.66，在各个区域分布各不相同，锦州市的围填海宗块形状最为复杂，围填海形状指数为 18.73，其次为大连市，围填海宗块形状指数为 8.58，营口市围填海宗块形状最为简单，围填海宗块形状指数仅为

2.99。在不同围填海类型的形状指数中（表 4-1），养殖池塘的形状指数最大，为 11.44，其次为盐田（3.92），依次为港口（3.59）、城镇建设（2.51）、耕地（2.43）、临海工业（2.32）。其他类型为一个椭圆性水库，其空间形态最为紧凑，形状指数仅为 0.97。

海岸线是海水与陆地的交界线，是一种重要的生态边界线，也是海岸围填海的重要依托。采用单位岸线的围填海面积来测度围填海的空间强度特征，由表 4-2 可以看出，辽东湾围填海总体强度为 35.89hm^2/km，可以划分为 2 个围填海强度区域：第一个为盘锦市和锦州市的围填海强度区，围填海强度分别为 93.02hm^2/km、91.39hm^2/km；第二个为葫芦岛市、营口市和大连市围填海强度区，围填海强度分别为 11.71hm^2/km，14.07hm^2/km 和 18.23hm^2/km。

围填海多样性指数是对围填海类型和面积比例空间复杂程度的度量，由表 4-2 可以看出，辽东湾围填海多样性指数为 1.38。表现在辽东湾 5 个区域中，葫芦岛市围填海用途类型具有 5 种，且它们之间的面积比例差异比较大，故围填海多样性指数最高，达到 1.41。大连市和锦州市围填海用途类型分别有 4 种，但由于不同类型之间面积比例差异较小，它们的围填海多样性指数分别仅为 0.64 和 0.77。盘锦市和营口市围填海用途类型都只有 3 种，但它们不同类型面积比例差异也较大，围填海多样性指数分别为 0.96 和 1.00。

3. 围填海类型的空间差异

按照围填海用途类型可以划分为临海工业、养殖池塘、城镇建设、港口、盐田、耕地和其他 7 种类型。养殖池塘面积最大，达到 19 184.53hm^2，占辽东湾围填海总面积的 53.66%，在辽东湾 5 个区域中，锦州市养殖池塘面积最大，占 43.27%，其次为盘锦市，占到 27.96%，再次为大连市，占 25.32%。盐田面积为 5612.35hm^2，占辽东湾围填海总面积的 15.70%，主要分布于大连市（42.47%）、锦州市（37.37%）和葫芦岛市（20.16%）。港口建设围填海面积为 1685.83hm^2，占辽东湾围填海总面积的 4.72%，集中分布于锦州市和营口市，分别占围填海总面积的 48.30% 和 46.36%。临海工业围填海面积为 1161.69hm^2，占辽东湾围填海总面积的 3.25%，主要分布于葫芦岛市和营口市，分别占辽东湾临海工业围填海面积的 59.06% 和 32.45%。另外，城镇建设围填海主要集中于葫芦岛市，耕地及其他围填海集中于盘锦市（表 4-3）。

表 4-3 辽东湾围填海空间区域分布 （%）

地区	葫芦岛市	锦州市	盘锦市	营口市	大连市	总计 / hm^2
临海工业	59.06	8.49	0	32. 45	0	1 161.69
养殖池塘	2.04	43.27	27.96	1.41	25.32	19 184.53

续表

地区	葫芦岛市	锦州市	盘锦市	营口市	大连市	总计 / hm^2
城镇建设	99.50	0	0	0	0.50	679.86
港口	5.08	48.30	0	46.36	0.26	1 685.83
盐田	20.16	37.37	0	0	42.47	5 612.35
耕地	0	0	100.00	0	0	6 053.27
其他	0	0	100.00	0	0	1 373.45

四、小结

准确揭示围填海的空间布局与形态特征是围填海管理的基础工作，长期以来我国围填海管理以定性描述加面积分析为主，缺乏围填海空间分布的定量评估方法。本节在利用卫星遥感影像和地理信息系统技术提取及计算围填海的空间格局信息的基础上，借用景观生态学中的相关空间格局描述指数，创建了一套包括围填海平均宗块面积、围填海强度指数、围填海宗块形状指数、围填海多样性指数、围填海宗块面积变异系数在内的围填海空间格局量化评估指标，可以应用于围填海空间分布形态和整体空间格局监测与评估研究，以及业务支撑工作中。

第二节　盐田空间格局遥感监测与评估

沿海盐田是淤泥质海岸一种独具特色的海岸景观类型，广泛分布于我国辽东湾、渤海湾、莱州湾、海州湾、海南等沿海区域，是我国海岸滩涂开发的主要利用类型之一。长期以来，由于缺乏精细的监测技术方法，沿海盐田监测管理一直处于地面测量的低水平管理状态。21 世纪以来，随着卫星遥感技术的快速发展，为复杂的盐田空间格局监测分析提供了可行的技术途径，相关学者也探索开展盐田遥感技术研究，但由于中低分辨率卫星遥感影像识别能力有限，往往难以开展精细的盐田空间格局分析。

高空间分辨率遥感影像能够精细地识别沿海盐田各类池塘的形状、纹理、光谱等详细特征信息，是盐田空间格局监测分析最为有效的手段。通过监测分析盐田空间格局，一方面可以估算盐田的产量，另一方面可以掌握盐田的生产经营状态，为沿海盐田生产管理和资源优化利用提供技术依据。本节采用 GF-1 卫星遥感影像和 Spot-5 卫星遥感影像，建立面向对象的盐田遥感影像分类技术方法与流程，构建了盐田空间格局分析与评估指标，以期为沿海盐田遥感监测与管理提供技术方法。

一、盐田空间信息遥感影像识别提取方法

1. 遥感影像及其预处理

盐田空间格局监测的卫星遥感数据采用高空间分辨率卫星遥感影像，主要包括高分一号（GF-1）卫星遥感影像和 Spot-5 卫星遥感影像。GF-1 卫星遥感影像具有 B、G、R、NIR 4 个多光谱和一个 Pan 波段，全色波段空间分辨率为 2.0m，多光谱波段空间分辨率为 8.0m。Spot-5 卫星遥感影像也具有 B、G、R、NIR 4 个多光谱和一个 Pan 波段，全色波段空间分辨率为 2.5m，多光谱波段空间分辨率为 10.0m。参考数据有 1 ∶ 10 000 数字地形图。

2. 面向对象的盐田空间信息提取方法

沿海盐田依据晒盐工艺过程环节可以划分为纳潮池、蒸发池、初级制卤池、

中级制卤池、高级制卤池、结晶池和储盐池。这些盐田空间结构单元由于其大小、功能、工艺过程不同，引起光谱响应上的差异，导致分类困难。如果将盐田按照功能用途细分为若干子类，再利用光谱和大小及形状特征分类，就可以有效降低分类难度。根据以上盐田空间结构及其生产工艺过程，以 GF-1 卫星遥感影像和 Spot-5 卫星遥感影像为基础数据，建立基于面向对象的盐田空间格局遥感影像分类提取技术流程图，如图 4-2 所示。

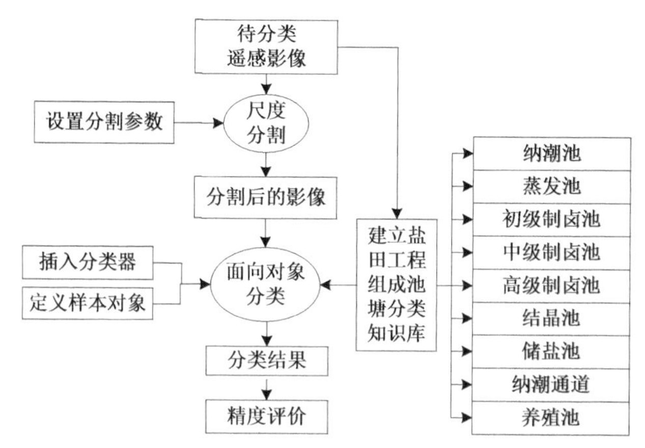

图 4-2 面向对象的盐田工程空间格局遥感影像分类提取技术流程

根据面向对象的盐田空间格局遥感影像分类提取技术流程，采用 eCognition8.0 软件进行遥感影像的盐田空间格局分类信息提取，首先对 GF-1 卫星遥感影像和 Spot-5 卫星遥感影像进行尺度分割，尺度分割算法是一种依据优化功能融合异质性最小对象的技术，算法公式如下：

$$spectral\sum_{nb}\sigma b+(1-W_{sp})(W_{cp}\frac{1}{\sqrt{np}}+(1-W_{cp})\frac{l}{l_r})\leqslant \mathrm{hsc} \tag{4-7}$$

式中，nb 表示波段数量，σb 表示波段 b 的内部方差，l 表示地物边界长度，np 表示像元数量，l_r 表示像元大小，光谱参数 W_{sp} 是同质光谱与目标形状的比值，紧密度异质性 W_{cp} 是紧密度与光滑度的比值。最终，相应的最小异质性阈值，即光谱异质性、光滑度异质性、紧密度异质性最小，才能使控制目标尺寸的整幅影像所有对象的平均异质性参数 hsc 最小的像元被计算出来。

其次，综合应用盐田各类池塘的水体光谱、池塘大小、池塘形状及空间位置排列等建立盐田空间格局影像特征标志（表 4-4）。最后，根据影像特征标志定义样本对象，插入分类器对尺度分割后的影像进行面向对象分类，形成盐田空间格局矢量数据。采用路线验证法，校验盐田空间格局分类的准确性。验证过程采用车载 GPS 定位，现场记录并拍摄照片，重点对遥感影像上的复杂类型和疑点疑区地面情况进行地面验证核实。

表 4-4　研究区盐田各类池塘及主要地物的遥感影像特征

序号	地物类型	色彩特征	形状与纹理特征	影像样本
1	纳潮池	水域因水深不同呈灰色、灰黑色、灰绿色	近海岸或纳潮通道，形状不规则，单个池塘面积在 $100hm^2$ 以上	
2	蒸发池	池塘内水体呈蓝灰色、灰白色	被盐田堤坝分割成矩形或正方形，规则有序排列，单个池塘面积在 $10hm^2$ 以上	
3	初级制卤池	池塘内水体呈暗灰色、深灰色	被盐田堤坝分割成矩形，规则有序排列，单个池塘面积为 5 ～ $8hm^2$	
4	中级制卤池	池塘内水体呈黑灰色、灰白色等	被盐田堤坝分割成矩形，规则有序排列，单个池塘面积为 $7hm^2$ 左右	
5	高级制卤池	池塘内水体呈暗红色、黑灰色等	被盐田堤坝分割成矩形，规则有序排列，单个池塘面积为 $3hm^2$ 左右	

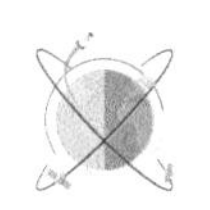

续表

序号	地物类型	色彩特征	形状与纹理特征	影像样本
6	结晶池	池塘内水体呈深红色、猩红色	被盐田堤坝分割成矩形，规则有序排列，单个池塘面积为 $2hm^2$ 左右	
7	储盐池	池塘内为雪白色原盐	呈条带状，毗邻道路，单个池塘面积为 $1hm^2$ 左右	
8	纳潮通道	渠道内水体因水深不同，呈灰色、灰黑色、灰绿色	呈条带状水域，连接外部海域，通过泵闸连通各个盐田池塘	
9	养殖池	水体呈黑灰色，周边呈暗绿色、灰色等多种颜色	被养殖池塘堤坝分割成矩形，规则有序排列，单个池塘面积为 $30 \sim 50hm^2$	

二、盐田空间格局变化分析

采用马尔可夫转移矩阵方法分析研究区盐田空间格局变化过程，马尔科夫转移矩阵具体分析方法史培军、宫鹏、李晓兵（2000）。盐田空间格局信息图谱是把特定时刻海岸盐田的各类工艺池塘作为描述海盐生产过程研究的图谱单元状态变量，利用 GIS 技术的空间数据管理和分析功能，提取图谱单元状态变化信息，包括盐池类型数量及其变化、盐田类型空间变化的基本模式。各类盐池斑块形态和空间扩展图谱能够反映盐田空间格局及其变化的宏观与微观信息，详细描述盐田空间格局形成的内在机制，预测未来盐田空间格局变化。为分析各类盐田空间格局变化特征，本节构建了盐田空间收缩强度指标，具体表达如下：

$$\beta_i = \frac{\text{WLA}_{i,\ t+n}}{\text{TLA}_t} \times 100\% \qquad (4\text{-}8)$$

$$\text{WLA}_{i,t+n} = \text{ULA}_{i,t} - \text{NLA}_{i,t+n} \qquad (4\text{-}9)$$

式中，β_i 为盐田类型 i 的收缩强度；$\text{WLA}_{i,t+n}$ 表示盐田类型 i 在第 t+n 年的收缩面积；$\text{ULA}_{i,t}$ 表示盐田类型 i 在第 t 年的面积；NLA 表示盐田类型 i 在第 t+n 年的面积；TLA_t 为第 t 年盐田总面积。

三、营口市南部海岸盐田空间格局监测与评估实证研究

1. 盐田空间结构组成变化

图 4-3 是研究区 2005 年和 2015 年盐田空间格局图，分别对 2005 年和 2015 年研究区盐田空间格局图进行空间统计，结果见表 4-5。2005 年研究区盐田作业空间占研究区总面积的 75.04%，其中蒸发池 8760.31hm^2、纳潮池 2629.43hm^2、初级制卤池 2160.61hm^2、中级制卤池 2292.31hm^2、高级制卤池 1232.70hm^2、结晶池 931.94hm^2、储盐池 186.64hm^2、纳潮通道 1096.59hm^2、盐田分割堤坝 1633.64hm^2，非盐田区域主要包括养殖池 3485.21hm^2、建设地 4059.17hm^2 和湿地 1051.12hm^2。2015 年盐田作业区空间大幅压缩，仅占研究区总面积的 32.85%，其中蒸发池 4949.61hm^2、初级制卤池 1155.68hm^2、中级制卤池 713.36hm^2、高级制卤池 693.51hm^2、结晶池 449.76hm^2、纳潮池 377.41hm^2、储盐池 99.73hm^2。非盐田空间快速扩大，出现了 2005 年没有的草地 7084.33hm^2、湖泊 240.54hm^2，建设地、养殖池、湿地面积分别增加到 6775.73hm^2、5435.42hm^2、1300.42hm^2。

表 4-5　研究区盐田空间格局组成

类型	2005 年		2015 年	
	面积 /hm^2	池塘规模 /（hm^2/ 个）	面积 /hm^2	池塘规模 /（hm^2/ 个）
纳潮池	2629.43	131.47	377.41	188.71
蒸发池	8760.31	26.55	4949.61	36.13
初级制卤池	2160.61	6.82	1155.68	6.25
中级制卤池	2292.31	7.37	713.36	7.35
高级制卤池	1232.70	3.11	693.51	3.04
结晶池	931.94	2.00	449.76	1.85
储盐池	186.64	6.22	99.73	5.00
纳潮通道	1096.59	17.98	967.43	24.81
养殖池	3485.21	40.53	5435.42	29.38
建设地	4059.17	18.66	6775.73	23.20
湿地	1051.12	22.85	1300.42	39.41
草地	0	0	7084.33	35.78

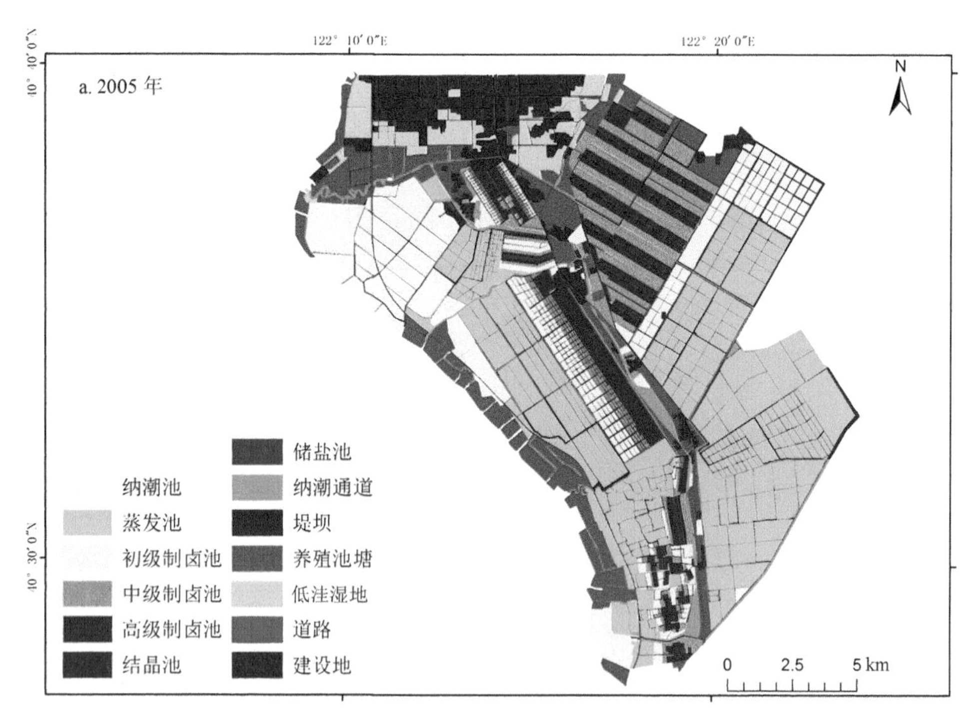

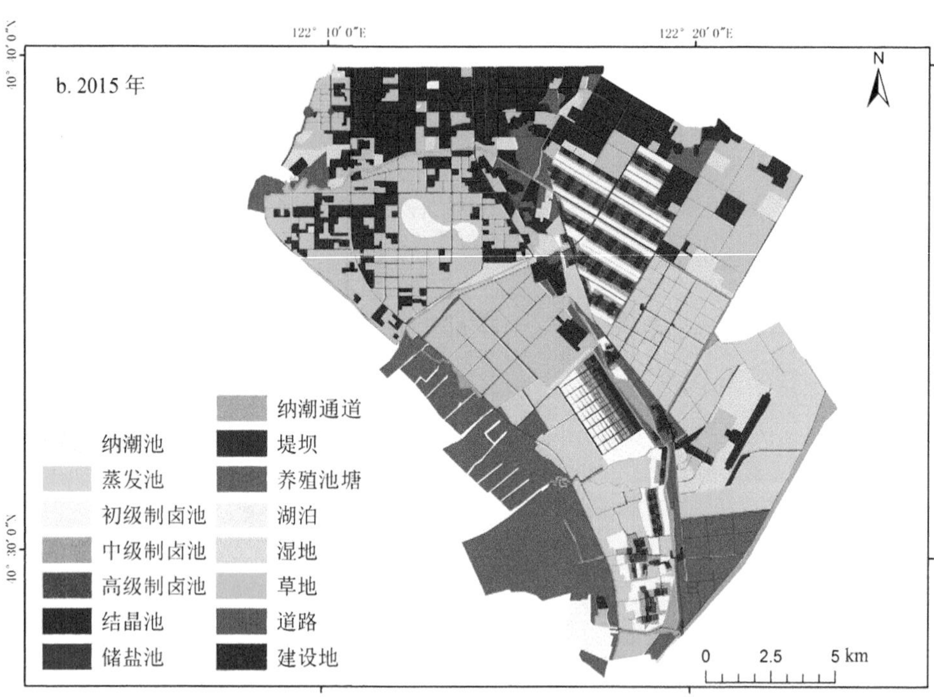

图 4-3 营口市 2005 年和 2015 年盐田空间格局

2. 盐田空间格局分析

通过研究区盐田空间格局（图 4-3）分析发现，盐田空间格局是海水晒盐工艺环节的平面空间化展示，不同盐池类型大小、形状、色彩各不相同，但排列结构具有一定的空间秩序与排列规律。纳潮池一般位于靠近海域的盐田最外缘，形状多样，池塘规模多在 100hm^2 以上，总面积只占盐田面积的 10% 左右，但深度较大，在涨潮时通过纳潮通道滞纳海水。蒸发池靠近纳潮池，多为矩形池塘，长宽比在 2 ∶ 1 以上，池塘规模在 10hm^2 以上。蒸发池是一般占盐田面积的 40% 以上，是蒸发水分、提高海水盐度的主要区域。制卤池位于结晶池两侧，多为矩形和正方形，分为初级制卤池、中级制卤池和高级制卤池，依次毗邻排列，初级制卤池规模为 5 ～ 8hm^2，中级制卤池规模为 7.0hm^2 左右，高级制卤池规模为 3hm^2 左右。结晶池毗邻高级制卤池，多呈矩形或正方形，池塘规模 2hm^2 左右。储盐池多位于结晶池附近，与道路连接，多呈条带状，便于原盐运输，面积在 1hm^2 以内。养殖池分布于海水交换条件好的盐田外围或纳潮通道附近，呈矩形紧密有序排列，池塘规模为 20 ～ 50hm^2。

3. 盐田空间格局变化分析

表 4-6 为 2005~2015 年研究区盐田空间格局变化的转移矩阵，通过该转移矩阵可以分析研究区盐田空间格局的变化方向。可以看出，2015 年纳潮池只保留了 25.82% 的原面积，其他 42.23% 的面积转换为草地，23.09% 的面积转换为建设地，4.86% 和 2.07% 的面积分别转换为湿地和养殖池。蒸发池保留了 49.29% 的原面积，其余 22.98% 的面积转换为草地、10.94% 转换为养殖池、7.90% 转换为湿地、5.38% 转换为建设地。制卤池保留了 39.75% 的原面积，其他面积分别转换为草地（27.77%）、建设地（18.58%）、蒸发池（6.86%）、湿地（3.33%）。结晶池和储盐池在整个盐田空间格局中面积比例较小，但它们的面积也分别减少了 60.84% 和 55.33%，主要转换为建设地（21.05%、24.66%）、草地（14.82%、16.49%）和制卤池（19.15%、4.00%）。养殖池是 2005 年盐田空间格局中面积最大的非盐田类型，2015 年保留了 56.60% 的原有面积，其余的主要转换为草地（17.48%）、建设地（16.97%）、湿地（6.62%）。湿地有 51.54% 转换为建设地、27.35% 转换为草地、13.99% 转换为养殖池。另外，建设地保持相对稳定，仅有一些盐田堤坝分别转换为草地和制卤池。

表 4-6 2005～2015 年研究区盐田空间格局变化的转移矩阵 (%)

2015 年 \ 2005 年	纳潮池	蒸发池	制卤池	结晶池	储盐池	养殖池	建设地	湿地
纳潮池	25.82	2.66	0.50	0.37	1.91	0.72	2.23	0.18
蒸发池	0.88	49.29	6.86	0	0.05	1.55	3.75	0
制卤池	1.05	0.85	39.75	19.15	4.00	0.06	9.21	0
结晶池	0	0	1.26	39.10	1.00	0	0.27	0
储盐池	0	0	0.08	0.90	44.67	0	0.09	0
养殖池	2.07	10.94	1.87	2.34	5.92	56.60	1.70	13.99
建设地	23.09	5.38	18.58	21.05	24.66	16.97	60.07	51.54
草地	42.23	22.98	27.77	14.82	16.49	17.48	20.07	27.35
湿地	4.86	7.90	3.33	2.27	1.30	6.62	2.61	6.94

表 4-7 为研究区 2005～2015 年盐田收缩强度表。可以看出，蒸发池收缩强度最大，为 13.67，其次为纳潮池 8.08，中级制卤池 5.66，而初级制卤池、高级制卤池、结晶池和储盐池的收缩强度较小，分别为 3.60、1.93、1.73 和 0.31。草地、建设地、养殖池、湿地、4 种类型的收缩强度都为负值，表示这 4 种非盐田类型的面积出现了扩张，其中草地收缩强度最小，达到 −25.41，其次为建设地为 −10.27，养殖池为 −6.99。湿地相对较大，分别为 −0.89。以上分析说明 2005～2015 年研究区盐田空间格局变化主要表现为蒸发池、纳潮池等面积较大的盐田池塘类型面积收缩，而草地、建设地等非盐田区域面积大幅度扩展。

表 4-7 研究区 2005～2015 年各盐池类型收缩强度

类型	收缩强度	类型	收缩强度
纳潮池	8.08	蒸发池	13.67
初级制卤池	3.60	中级制卤池	5.66
高级制卤池	1.93	结晶池	1.73
储盐池	0.31	纳潮通道	0.46
养殖池	− 6.99	建设地	− 10.27
草地	− 25.41	湿地	− 0.89

四、小结

滩涂围海晒盐曾经是我国沿海滩涂开发利用的主要方式，也是一种最主要的海水综合利用工程。这种依靠天然日光生产海盐的利用方式，因占用滩涂面积广阔，生产管理较为困难，一直以来缺乏有效的监管技术方法。本节在深入调查的基础上，将沿海盐田空间组成划分为纳潮池、蒸发池、初级制卤池、中级制卤池、高级制卤池、结晶池、储盐池、纳潮通道，以及养殖池、湿地、建设地、草地等非盐田组分。在此基础上，采用高空间分辨率卫星遥感影像，构建了面向对象的盐田空间格局遥感影像信息提取技术方法与流程，建立了盐田空间格局评估方法及盐田退化分析方法，希望能够为盐田资源管理提供技术参考。

第三节 围填海存量资源遥感监测与评估

海域是各类海洋开发利用活动的空间载体，是海洋经济发展的基本资源依托。近年来，为拓展发展空间、提振海洋经济，我国沿海各地利用海域空间实施了大规模的围填海造地活动。这些围填海造地为港口码头、临海工业、滨海城镇等沿海建设拓展了重要的发展空间，但围填海造地形成的土地在一些区域存在围而不填、填而不建、低密度建设现象等存量问题，形成与存量土地资源类似的围填海存量资源。关于存量土地资源，有关学者已开展了探讨，而对于围填海存量资源，国内外还没有相关研究报道。与存量土地资源相似，围填海存量资源也存在与之相关的围填海增量资源、围填海消量资源等，其中围填海增量资源是新增加的围填海存量资源，围填海消量资源是消耗利用的围填海存量资源，围填海存量资源是围填海增量资源和围填海消量资源之间的转换过程。基于国家海域资源集约 / 节约利用的管理要求，围填海监管要控制增量、盘活存量、提升消量，高效利用由围填海形成的土地资源。因此，开展围填海存量资源监测与分析评估是我国围填海监管的重要内容。

高空间分辨率遥感影像以其较高的地面空间分辨率优势，能够识别更为详细的地物形状、纹理、光谱等特征信息，是近年来区域性地表环境精细监测的最有效手段。如何利用高空间分辨率遥感影像开展围填海存量资源分类监测，及时准确地掌握真实有效的围填海存量资源状况，是我国海域使用遥感监测亟待解决的技术问题。这对于集约高效地利用好围填海存量资源，强化海域资源管理具有重要的技术支撑意义。为此，本节尝试采用国产高分一号（GF-1）卫星遥感影像和 Spot-5 卫星遥感影像，探讨围填海存量资源的组成类型、开发利用特征，建立面向对象的围填海存量资源遥感监测技术方法与流程，并分析围填海存量资源的类型分布、形成途径及现状特征，以期为围填海存量资源的遥感监测与分析提供技术方法。

一、围填海存量资源卫星遥感监测方法

1. 围填海存量资源的界定与分类

围填海存量资源是指围填海区域现存的可用于开发建设工业、城镇、养殖等

活动的海域空间资源。根据围填海存量资源特征，将围填海存量资源划分为围而未填区域、填而未建区域、低密度建设区域、低效盐田、低效养殖池塘、低洼坑塘6种类型。另外，城镇区、工业区和河流系为围填海存量资源的消耗类型。各类围填海存量资源特征描述见表4-8。

表4-8　围填海存量资源分类及其特征描述

序号	围填海存量资源类型	特征描述
1	围而未填区域	近期新修筑了围堰而没有围填成陆，仍保持池塘水域的区域
2	填而未建区域	已由水域填充成为土地但还没有开发建设的区域，地表多覆盖草本植被或直接裸露
3	低密度建设区域	开发建设面积比例低于50%的围填海形成土地的区域
4	低效盐田区域	处于废弃或低效利用的盐田区域
5	低效养殖池塘	处于废弃或低效利用的养殖池塘区域
6	低洼坑塘	地势低洼、长期或周期性积水，没有开发利用或废弃利用的区域
7	城镇区	城镇居住、商业、服务业、基础设施建设区域，包括居民小区、商业与服务业建筑、道路交通与绿地设施等
8	工业区	各类工业生产、储存设施建设区域
9	河流	呈条带状连通海洋的各类泄洪、纳潮、排污渠道

2. 面向对象的围填海存量资源卫星遥感分类提取方法

本节采用高空间分辨率卫星遥感影像作为围填海存量资源监测的主要数据源，高空间分辨率卫星遥感影像包括2015年采集的GF-1卫星遥感影像和2005年采集的Spot-5卫星遥感影像，参考数据有研究区1 ∶ 10 000数字地形图。

由于高空间分辨率卫星遥感影像包含的地物空间信息更为丰富（如纹理、光谱、几何信息等），基于像元的传统遥感影像分类方法已无法适用于高空间分辨率遥感影像的分类工作。面向对象的遥感影像分类方法是近年来提出的一种新的遥感影像信息提取方法。这种方法首先通过对遥感影像进行尺度分割提取同质区域，然后对各个区域进行特征分析，提取分类目标。这种方法能够更好地利用提取地物的形状与纹理特征，相对于基于像元的分类方法有明显的优势，已被越来越多地应用于高空间分辨率遥感影像分类研究。

根据围填海存量资源特点，以GF-1卫星遥感影像和Spot-5卫星遥感影像为基础数据，采用面向对象的分类技术进行围填海分类信息提取。第一，对GF-1卫星遥感影像和Spot-5卫星遥感影像进行尺度分割。尺度分割是依据相同的光谱特征和空间邻接关系将影像划分成像素群的过程，期间既能生成分类对象，又能将分类对象按等级结构连接起来。第二，建立围填海存量资源分类知识库，也就是根据不同围填海存量资源的影像光谱特征、形状特征和纹理特征等建立围填海存量资源影像特征库。表4-9为研究区各类围填海存量资源地物影像特征。第三，根据影像特征库定义样本对象，插入分类器对尺度分割后的影像进行面向对象分类。第四，采集地面验证点，对分类结果进行精度验证，保证卫星遥感影像的分类准确率达到90%以上。面向对象的围填海存量资源遥感影像分类技术流程图如图4-4所示。

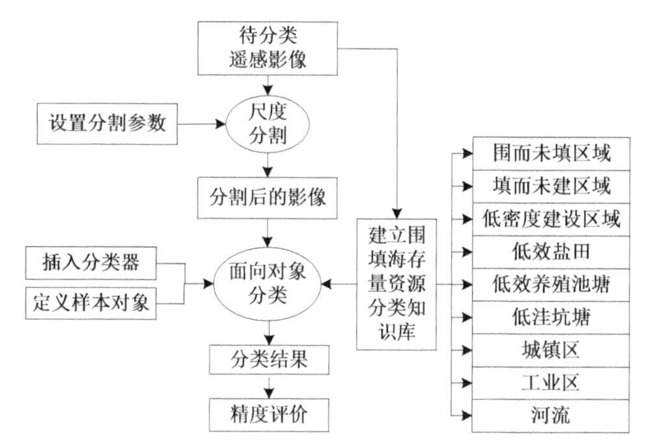

图4-4 面向对象的围填海存量资源遥感影像分类技术流程图

表4-9 各类围填海存量资源影像特征

序号	地物类型	色彩特征	形状与纹理特征	影像样本
1	围而未填区域	水域因水深不同呈灰色、灰黑色，围堰呈亮灰色	多呈矩形或不规则的围堰池塘，围堰内为水域	
2	填而未建区域	有草本植物生长的区域为暗绿色，无植物生长的区域为灰色	多呈被道路分割的矩形或正方形	
3	低密度建设区域	建设区域随建筑屋顶颜色而变化，非建设区域呈暗灰色或暗绿色	建筑物具有规则的矩形形状，且明显凹于影像其他区域	
4	低效盐田	随围堰内水体盐度、水深等呈黑灰色、暗红色、亮灰色等	被围堰分割成形状规则、排列有序的矩形池塘水域	

续表

序号	地物类型	色彩特征	形状与纹理特征	影像样本
5	低效养殖池塘	围堰呈灰色，水域呈黑灰色	被围堰分割成形状不规则的池塘水域	
6	低洼坑塘	湿地植被区域呈暗绿色，水域呈黑灰色	形状自然，期间分布有自然或人工边界的水域	
7	城镇区	居住楼房呈暗灰色，道路呈亮灰色	被道路分割的居住区内密集排列着矩形建筑楼房	
8	工业区	建筑物色彩随建筑屋顶色彩呈浅红、浅蓝等各种色彩	被道路分割的工业区内密集排列着形状不同的工业建筑物	
9	河流	水体呈黑灰色，周边呈暗绿色、灰色等多种颜色	水体呈条带状，岸线自然平滑	

采用面向对象的遥感影像分类方法分别对2015年采集的GF-1卫星遥感影像和2005年采集的Spot-5卫星遥感影像进行分类，形成2015年围填海存量资源分类矢量数据和2005年围填海存量资源分类矢量数据。采用路线验证法，校验围填海存量资源遥感影像分类的准确性。验证过程采用车载GPS定位，现场记录并拍摄照片，重点对遥感影像上的复杂类型和疑点疑区地面情况进行地面验证核实。

二、围填海存量资源形成分析及围填海存量资源评估方法

采用转移矩阵分析2005～2015年围填海存量资源的形成过程。转移矩阵是目前土地利用变化分析中最为常用的研究方法，这种方法可以定量揭示不同围填

海存量资源类型随时间推进的转化方向和转化数量。

根据围填海区域存量资源的开发利用规模与面积比例情况，构建围填海存量资源指数，作为围填海存量资源情况的定量评估指标。围填海存量资源指数计算方法如下：

$$\mathrm{WTHCL}=\sum_{i=1}^{n} w_i \frac{a_i}{A} \tag{4-10}$$

式中，WTHCL 为围填海存量资源指数；w_i 为围填海存量资源类型权重；A 为围填海区域总面积；a_i 为第 i 类围填海存量资源面积。围填海存量资源指数 WTHCL 越大，说明围填海存量资源开发利用程度越高，围填海存量资源数量越小。各类围填海存量资源的权重采用专家问卷调查法确定，具体见表 4-10。

表 4-10　各类围填海存量资源权重表

围填海存量资源类型	围填海存量资源权重	围填海存量资源类型	围填海存量资源权重
围而未填区域	0.20	填而未建区域	0.40
低密度建设区域	0.60	低效盐田	0.40
低效养殖池塘	0.40	低洼坑塘	0.40
城镇区	1.0	工业区	1.0
河流	1.0		

三、营口市南部海岸围填海存量资源遥感监测与评估实证研究

1. 围填海存量资源的空间分布特征

营口市南部围填海存量资源空间分布见图 4-5，各类围填海存量资源面积统计见表 4-11。可以看出，研究区围填海存量资源以填而未建区域面积最大，达到 6379.24hm^2，占区域总面积的 21.09%，其次是低效养殖池塘和低效盐田，分别占区域总面积的 20.90% 和 20.52%。围而未填区域和低密度建设区域也分别达到区域总面积的 9.60% 和 8.66%，低洼坑塘面积只有 952.14hm^2，仅占区域总面积的 3.15%。以上围填海存量资源总面积为 25 380.51hm^2，占研究区域总面积的 83.92%。研究区域其余 16.08% 的面积为围填海存量资源的消耗类型，包括城镇区 2567.36hm^2，工业区 1687.86hm^2，河流 607.37hm^2。

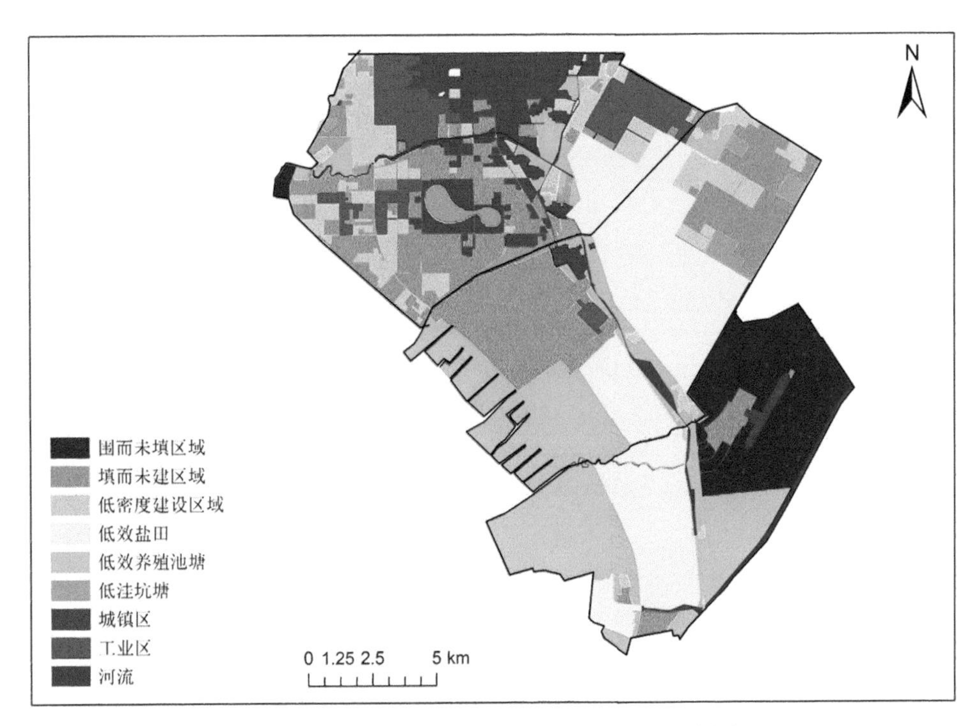

图 4-5 研究区各类围填海存量资源空间分布图

表 4-11 各类围填海存量资源地面积 （单位：hm^2）

类型	北部区域	中部区域	南部区域	区域总体
围而未填区域	82.40	44.51	2 777.52	2 904.43
填而未建区域	2 592.83	3 410.69	375.72	6 379.24
低密度建设区域	1 889.22	687.19	42.67	2 619.08
低效盐田	630.27	3 601.45	1 973.07	6 204.79
低效养殖池塘	552.43	2 897.03	2 871.37	6 320.83
低洼坑塘	661.99	274.14	16.01	952.14
城镇区	2 315.88	119.80	131.68	2 567.36
工业区	1 476.86	211.00	0.00	1 687.86
河流	159.69	142.83	304.85	607.37
合计	10 361.57	11 388.64	8 492.89	30 243.1

以上围填海存量资源在研究区域内部存在明显的空间差异性，北部区域以填而未建区域和低密度建设区域为主，分别占北部区域总面积的 25.02% 和 18.23%。中部区域以填而未建区域、低效盐田和低效养殖池塘为主，分别占中部区域总面积的 29.95%、31.62% 和 25.44%。南部区域以围而未填区域、低效盐田和低效养殖池塘为主，分别占南部区域总面积的 32.70%、23.23% 和 33.81%。另外，

城镇区、工业区等围填海存量资源消耗类型主要分布在北部区域，面积分别为2315.88hm^{2}和1476.86hm^2，而中部区域和南部区域分布极少。

以上围填海存量资源的空间差异性说明研究区域围填海存量资源存在自南向北的转化过程，南部区域多为低效盐田、养殖池塘，部分盐田已被圈围，但还没有填充成土地，处于围填海存量资源形成的前期阶段；中部区域已有近30%的区域围填成土地，但尚未开发建设，其余多保持低效盐田和低效养殖池塘，处于围填海存量资源的形成阶段；北部区域有16.08%的围填海存量资源已被开发建设消化，成为城镇区、工业区等，18.23%的面积初步开发成为低密度建设区域，25.02%的面积已被填充成土地有待开发建设，低效盐田、低效养殖池塘和低洼坑塘等可以围填利用的存量资源总和只占北部区域总面积的17.80%，处于围填海存量资源的消耗阶段。

2. 围填海存量资源的形成途径

表4-12为2015年和2005年研究区海岸开发利用类型的转移矩阵，通过该转移矩阵可以分析研究区围填海存量资源的形成途径。可以看出围填海存量资源面积最大的填而未建区域主要由低效盐田和养殖池塘填充形成，其中低效盐田5483.36hm^2，占总面积的85.96%，低效养殖池塘504.35hm^2，占总面积的7.91%。围而未填区域基本全部由低效盐田圈围形成。低密度建设区域的形成途径相对复杂，主要包括低效盐田1437.69hm^2、低效养殖池塘468.63hm^2、低密度建设区域366.33hm^2、围而未填区域183.10hm^{2}和填而未建区域120.83hm^{2}等。低效盐田全部来自原来的盐田。低效养殖池塘有2137.81hm^{2}来自原有的养殖池塘，1989.75hm^{2}由低效盐田分割转化而来，155.06hm^{2}由低洼坑塘建设而成，另有124.74hm^{2}来自河道圈围。低洼坑塘主要由低效盐田和低效养殖池塘废弃淤积而成，形成面积分别为618.17hm^{2}和180.25hm^2，只有54.77hm^{2}保持原来的低洼坑塘状态。城镇区和工业区是围填海存量资源消耗的两个主要方向。城镇区除保持原有的915.28hm^{2}以外，扩张消耗的围填海存量资源主要来自盐田694.06hm^2、低密度建设区域542.21hm^2、低洼坑塘区域151.67hm^{2}和填而未建区域102.95hm^2。工业区扩张消耗的围填海存量资源主要来自低效盐田798.32hm^2、低效养殖池塘293.82hm^2、低密度建设区域141.71hm^2、围而未填区域98.68hm^{2}和填而未建区域85.26hm^2。河流基本承接其原来面积，增加部分主要来自低效盐田，面积为124.29hm^2。

表4-12 围填海存量资源形成的转移矩阵 （单位：hm^2）

利用类型	围而未填区域	填而未建区域	低密度建设区域	低效盐田	低效养殖池塘	低洼坑塘	城镇区	工业区	河流
围而未填区域	0	18.67	183.10	0	0	21.41	43.5	98.68	0
填而未建区域	0	82.22	120.83	0	0	0	102.95	85.26	0

续表

利用类型	围而未填区域	填而未建区域	低密度建设区域	低效盐田	低效养殖池塘	低洼坑塘	城镇区	工业区	河流
低密度建设区域	0	0	366.33	0	0	0	542.21	141.71	0
低效盐田	2814.44	5483.36	1437.69	6097.44	1989.75	618.17	694.06	798.32	124.29
低效养殖池塘	0	504.35	468.63	0	2137.81	180.25	11.55	293.82	13.67
低洼坑塘	0	32.25	19.91	0	155.06	54.77	151.67	25.03	1.42
城镇区	0	0	0	0	0	0	915.28	0	0
工业区	0	0	0	0	0	0	27.14	245.68	0
河流	7.19	56.07	13.41	0	124.74	25.3	29.76	8.21	454.86

3. 围填海存量资源评估

图 4-6 为研究区围填海存量资源指数分布图。研究区总体围填海存量资源指数为 0.49，但在研究区域内部存在较为明显的差异。北部区域围填海存量资源指数最大，达到 0.66，说明北部区域围填海存量资源开发利用程度较高，围填海存量资源数量较少。这也可以从北部区域 22.35% 的城镇区、14.25% 的工业区及 25.02% 的填而未建区域可以说明；中部区域围填海存量资源指数其次，为 0.44，说明中部区域围填海存量资源较大，填而未建区域占 29.95%、低效盐田占 31.62%、低效养殖池塘占 25.44%；南部区域围填海存量资源指数最小，仅为 0.37，说明南部区域围填海存量资源数量最多，主要存量资源为未而未填区域、低效盐田和低效养殖池塘，面积比例分别为 32.70%、23.23% 和 33.81%。

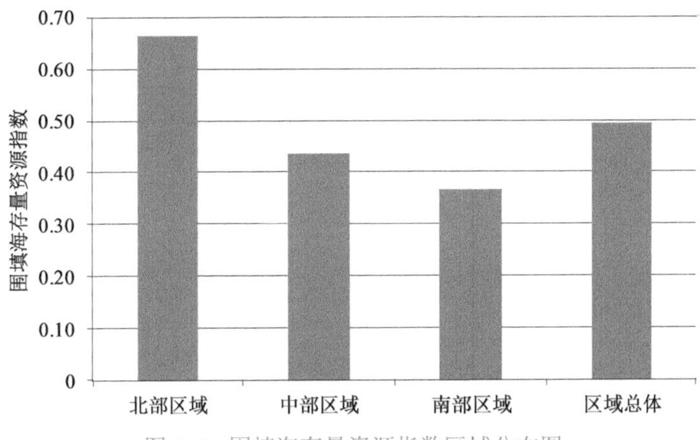

图 4-6　围填海存量资源指数区域分布图

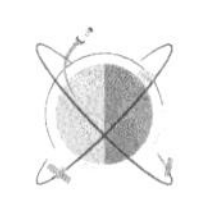

四、小结

本节根据我国围填海监管的精细化需求，初步界定了围填海存量资源的概念，并将围填海存量资源划分为围而未填区域、填而未建区域、低密度建设区域、低效盐田、低效养殖池塘、低洼坑塘等6种类型，以及城镇区、工业区等围填海存量资源消耗类型，并采用国产GF-1卫星遥感影像和Spot-5卫星遥感影像建立了面向对象的围填海存量资源分类提取方法与技术流程，构建了围填海存量资源指数及计算方法，用于分析围填海存量资源现状特征与形成机制。希望本研究形成的围填海存量资源监测与评估技术能为我国开展围填海存量资源、围填海增量资源、围填海消量资源之间的形成、转换过程的监测分析与评估提供技术依据。

第五章

海域使用遥感监测与评估

第一节　海域使用空间格局遥感监测与评估

海域使用是指人类依据海域区位、资源与环境优势所开展的一切开发利用海洋资源的活动和在海域从事的海洋经济活动。海域使用的主要类型包括渔业用海、盐业用海、交通运输用海、工业城镇用海、旅游娱乐用海等。随着世界范围内海洋经济的快速发展，许多自然海域被大面积地开发利用，各种类型的宗块在自然海域空间上镶嵌交错，构成海域使用空间格局。海域使用空间格局变化及其所带来的生态环境效应与陆地上土地利用景观格局变化一样将受到越来越多的关注。与陆地地表各类具有光谱、纹理特征的土地利用景观斑块组成的空间镶嵌格局不同，海域使用空间格局是在相对均一的海洋自然水体基质基础上人为开发利用的各种海域使用类型组成的空间镶嵌体。在海域使用空间格局上，有些海域使用斑块与陆地土地利用斑块一样存在明显的空间边界线，如盐田、养殖围塘、浮筏养殖、填海造地等；有些海域使用斑块则是人类根据开发利用需要而专门划定的一定海面水域，不存在明显的斑块空间边界线，如航道、锚地等；还有一些海域使用斑块在海面标记有一定的海域使用类型标记和边界线，但这些标记或标志由于目标相对比较小，在高空很难看到这些目标，如滨海浴场、人工鱼礁、网箱养殖等。这种海域使用类型在空间上表现出的复杂性，加上海域使用监测管理要求的技术精确性，限制了遥感技术在海域使用监测管理中的广泛应用。

海域使用空间格局监测与评估的主要难点在于海域使用空间数据的获取。遥感技术作为当前对地观测的主要数据获取方式之一，在海域使用空间格局数据获取上也同样十分重要，是填海造地、围海养殖、围海晒盐、浮筏养殖等许多海域使用类型的主要数据获取方式。对于那些通过遥感技术无法获取的海域使用类型信息，如港口、航道、锚地、底波养殖、海底工程等，地理信息系统、全球定位系统和其他图件也是重要的数据获取补充方式。为了提高海域使用监测与管理水平，探索相对完善的海域使用空间格局的卫星遥感监测与评估方法，本节将卫星遥感（remote sensing，RS）技术、地理信息系统（geographical information system，GIS）技术和全球定位系统技术（global position system，GPS）相结合，即将“3S”技术相结合，探索建立主要海域使用类型空间格局的监测技术与评估方法。

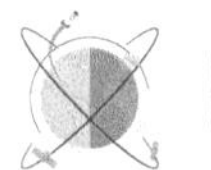

一、海域使用的遥感监测数据

采用 Spot-5 卫星遥感影像为主要监测数据。Spot-5 数据属于高空间分辨率影像数据，对其进行几何精纠正需要高精度的地形图或差分 GPS 控制点的支持。本节使用高精度的差分 GPS—— DGPS 测量系统，在卫星遥感图像采集后的当年 7 月，采集 60 个海岸带遥感影像地面控制点，这些控制点均匀分布于卫星遥感影像监测范围内。应用 ERDAS8.7 提供的多项式变换方法进行几何精纠正，纠正的顺序是先分别对 Spot-5 卫星遥感影像的全色波段进行几何精纠正，然后对各自对应的多光谱波段影像进行几何精纠正。经过纠正的卫星遥感影像与实地地物配准精度达到 1 ∶ 10 000 正射影像图的标准，满足 1 ∶ 10 000 海域使用监测的精度要求。

二、海域使用空间格局监测

1. 海域使用类型的卫星遥感分类

根据海域使用类型的实际情况，并参考《海域使用分类》（HY/T 123 － 2009）及其卫星遥感监测的特殊性，本节将海域使用类型划分为渔业用海、交通运输用海、工矿业用海、旅游娱乐用海、排污用海、填海造地用海、特殊用海和其他类型用海八大 I 级类型。其中，渔业用海又可分为渔港、围海养殖和养殖区水口；交通运输用海可分为港口用海和路桥用海；工矿业用海可以分为盐业用海和临海工业用海；旅游娱乐用海主要为海水浴场和水上娱乐用海；排污用海为污水排放用海；填海造地用海为城镇建设填海造地用海和工业建设填海造地用海；特殊用海包括军事用海和科研教育用海等 15 类 II 级海域使用类型。各海域使用类型的分类系统和定义见表 5-1。

表 5-1　海域使用类型卫星遥感分类系统

I 级	编码	II 级	编码	III级	编码	定义
渔业用海	M1	围海养殖用海	M11			指围海筑塘用以养殖的海域
		养殖区水口用海	M12			指池塘养殖、工厂化养殖等为交换养殖水体进行取水和排水所使用的海域
		渔港用海	M13			指主要用于渔船停靠、避风和渔货装卸的海域，含分散分布的渔业码头用海
交通用海	M2	港口	M21	有防波堤	M211	指供船舶停靠、进行装卸作业、避风和调动所使用的海域，含分散分布的货运、客运码头和临海工业企业所属专用码头所使用的海域，但不包括旅游区内的游艇码头用海
				无防波堤	M212	
		路桥用海	M22	跨海桥梁	M221	指跨海桥梁桥墩防护和桥面掩盖、涉海公路路基所使用的海域，不包括桥墩本身所占用的海域
				栈桥用海	M222	
				道路用海	M223	

续表

Ⅰ级	编码	Ⅱ级	编码	Ⅲ级	编码	定义
工矿业用海	M3	盐业用海	M31			指围海晒制海盐所使用的海域
		临海工业用海	M32			指临海而建的各类工业所使用的海域
旅游娱乐用海	M4	海水浴场	M42	平直型	M421	指专供游人游泳、嬉水的海域
				海湾型	M422	
		水上娱乐用海	M43			指开展快艇、帆板、冲浪等海上娱乐活动所使用的海域
排污用海	M5	污水排放用海	M51			指受纳指定污水所使用的海域
填海造地用海	M6	城镇建设填海造地用海	M61			指在沿海筑堤围割海域，并填成土地用于城镇建设的造地工程所使用的海域
		工业建设填海造地用海	M62			指在沿海筑堤围割海域，并填成土地用于工业建设的造地工程所使用的海域
特殊用海	M7	科研教学用海	M71			指专门用于科学研究、试验和教学活动的海域
		军事用海	M72			指军事设施包括部队机关、营房、军用工厂、仓库和其他军事设施所使用的海域
其他用海	M8	其他用海	M81			上述用海类型以外的用海

2. 海域使用类型的遥感监测方法

根据各类海域使用类型的空间结构、光谱特征和遥感监测分类特点，本节将海域使用的卫星遥感监测方法划分为完全遥感监测类型和“3S”协同监测类型。

1）完全遥感监测类型

完全遥感监测类型具有和陆地土地利用类型相似的明显空间斑块镶嵌结构，主要类型包括围海养殖用海、盐业用海、城镇建设填海造地用海、工业建设填海造地用海等，监测方法可采取和陆地土地利用遥感监测相同的方法。根据各类海域使用类型的影像光谱和纹理特征，采集各类海域使用类型的地物特征，建立海域使用类型地物特征库。在遥感影像处理软件 ERDAS8.7 的支持下，采用监督分类的方法，对卫星遥感影像进行分类，提取以上各类海域使用类型的信息。将提取的海域使用类型图层与卫星遥感影像叠加，人机交互检查，对提取海域使用类型中错分、误分的区域给予纠正。由于监督分类是根据地物的光谱特征分类的，会将围海养殖区域等的池塘水面和四周堤坝分成两种类型，在进行修正时必须给予纠正。海域使用矢量信息修正完毕后，将该图层转换为 shp 格式，计算面积和周长，利用 ArcMap 的图形统计模块，统计每种海域使用类型斑块的周长和面积。

2）“3S”协同监测类型

由于海域使用类型大多是以海岸为依托进行开发利用的，具有海陆两栖的性质，仅采用遥感监测技术不能完全达到海域使用监测的目标，必须将遥感技术与

GIS 的空间分析技术、GPS 地面定位技术结合起来。

（1）港池用海监测。依据各类交通运输用海海域使用空间范围界定要求：在 ArcMap 支持下，采取人机交互识别的方法，勾绘出卫星遥感影像上的海岸线、防波堤、堆石外缘连线（平均高潮线），即内界址线。对于设施完备的港口，以防波堤、堆石外缘连线为基准，利用 ArcMap 的 buffer 工具做 50m 的缓冲区分析，选取缓冲区靠海一侧的缓冲线作为外界址线。由内界址线、外界址线和侧界址线构成完整的港口海域使用区。对于设施不完备的港口，也是首先在 ArcMap 支持下，采取人机交互识别的方法勾绘出卫星遥感影像上的内界址线，然后以内界址线为基准，利用 ArcMap 的 buffer 工具做 5 倍最大靠泊船长（5×100m）的缓冲区分析，选取缓冲区靠海一侧的缓冲线作为外界址线，沿海岸线方向延长内界址线至与外界址线连接，构成封闭区域，即不具备完整设施的港口海域使用区域。对于渔港，采取人机交互识别的方法勾绘出卫星遥感影像上的渔港内部平均最大高潮线至渔港外部防波堤外 50m 缓冲线，为内界址线，以人机交互的方式勾绘渔港防波堤外缘线，并以此线为基础做 50m 缓冲线，选取向海侧的 50m 缓冲线为外界址线，连接渔港内界址线和外界址线，形成封闭的渔港用海区域。

（2）海水浴场用海监测。一般海水浴场可分为海湾型海水浴场和平直型海水浴场。海湾型海水浴场的陆界为大潮平均高潮线，海界为岬角连线，两者圈闭的海域为海水浴场用海。平直型海水浴场则为从大潮平均高潮线向海垂直延伸 1000 ～ 2000m 或防鲨安全网位置。

海水浴场的监测方法是，首先在 ArcMap 支持下，采取人机交互识别的方法勾绘出卫星遥感影像上海水浴场范围内的大潮平均高潮线，即海水浴场的内界址线。对于海湾型海水浴场，直接勾绘海湾两边岬角直线连线，即海湾型海水浴场用海。对于平直型海水浴场，以海水浴场范围内的大潮平均高潮线为基准，利用 ArcMap 的 buffer 工具做 1000 ～ 2000m 的缓冲区分析，选取缓冲区靠海一侧的缓冲线作为海水浴场的外界址线，连接海水浴场两边的内外界址线，即平直型海水浴场用海区域。

（3）临海工业用海监测。临海工业用海指在沿海筑堤挡潮防浪、控制围区水位而围割滩涂和港湾，保留部分水面的工程用海，供临海工业、发电、修船之需。临海工业用海的海域使用面积，依下列界线圈闭的面积测算。

外界址线为平行或垂直于人工堤坝基床外缘的连线，采用卫星遥感影像结合差分 GPS 测定人工堤坝基床外缘拐点。在 GIS 支持下，将外缘拐点连接成线，如人工堤坝与海岸斜交，则以离海岸线最远的人工堤坝基床外缘拐点为准做平行于海岸线的平行线，作为外界址线，其外界址线应为平行或垂直于海岸线的连线。内界址线为围海或填海前的海岸线或人工岸线，参考历史图件或实地勘测调查，采用差分 GPS 测定围海或填海前的海岸线或人工岸线，作为内界址线。连接码头或突堤两侧的内外界址线，形成封闭的区域，即临海工业用海。

三、葫芦岛市海域使用空间格局遥感监测与评估实证研究

1. 海域使用的结构分析

表 5-2 是通过卫星遥感技术获取的葫芦岛市海域使用监测结果。由表 5-2 可以看出，葫芦岛市海域使用以工矿业用海为主，其次为养殖用海，分别占全市海域使用总面积的 54.82% 和 29.36%，其中工矿业用海中以盐业用海为主，盐业用海也是葫芦岛市面积最大的海域使用类型，占总海域使用面积的 29.83%。渔业用海以围海养殖用海和渔港用海为主，其中围海养殖用海是仅次于盐业用海的第二大海域使用类型，面积达到 1096.14hm^2。交通用海主要以港口用海为主，葫芦岛市有大小港口码头 16 个，总用海面积为 407.49hm^2，其中葫芦岛港占地面积最大，为 170.50hm^2。其他海域使用类型还包括海水浴场用海、排污用海、特殊用海和其他用海类型，面积分别为 170.20hm^2、100.82 hm^2、2.45 hm^2 和 0.13hm^2。

表 5-2 葫芦岛市海域使用类型卫星遥感监测结果

Ⅰ级类型	Ⅱ级类型	面积 /hm^2	斑块数	平均斑块面积 /hm^2
养殖用海	围海养殖用海	1096.14	377	2.91
	养殖区水口	31.44	8	3.93
	渔港用海	158.64	26	6.10
交通用海	港口	407.49	18	22.64
	路桥用海	12.17	1	12.17
工矿业用海	临海工业用海	657.00	13	50.54
	盐业用海	1744.97	69	25.29
旅游娱乐用海	海水浴场	170.20	10	17.20
排污用海	排污用海	100.82	2	50.41
特殊用海	教育科研用海	2.45	2	1.23
其他用海	其他用海	0.13	1	0.13

2. 海域使用空间格局分析

利用“3S”技术对葫芦岛市海域使用空间格局监测表明，葫芦岛市海域使用以海岸带为依托，呈带状分布。围海养殖是以养殖池塘为单元，且养殖池塘的面积都在 3.0 hm^2 左右。空间形状以矩形和正方形为主，总体上呈现小养殖池塘集聚连片分布，大养殖片块空间分散分布的整体格局。盐业用海相对比较集中，主要集中在葫芦岛市北部海岸带，在空间上有五大分布区块，其中三大区块分布于锦州湾，平均斑块面积达到 25.29hm^2。25 个渔港的分布相对比较分散，平均渔港用海面积为 6.10hm^2，呈星点状镶嵌于海岸线。10 个海水浴场，平均斑块面积为 17.20hm^2，均匀分布于海岸。临海工业用海以船舶建造维修和电力工业为主，共

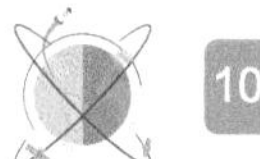

用海 13 个斑块，平均斑块面积为 50.54hm^2，是所有用海面积中斑块最大的用海类型，主要集中分布于中部、北部海岸。

3. 海域使用的行政区域分析

从葫芦岛市临海的 3 个行政区域来分析（表 5-3），葫芦岛市用海面积最大，达到 2099.94hm^2，斑块数目最少，海域使用斑块数为 114 个。海域使用以工矿业用海为主，包括盐业用海和临海工业用海，其次为交通运输用海，面积为 238.00hm^2，分为 7 个用海斑块。兴城市用海面积为 1215.24hm^2，用海斑块数为 145 个，海域使用类型以渔业用海为主，其次是工矿业用海，渔业用海以小斑块的零散用海为主，工矿业用海以较大斑块的集中用海为主。绥中县海域使用面积为 1045.52hm^2，海域使用斑块数目达到 260 个，海域使用类型以渔业用海为主，渔业用海优势十分明显，渔业用海面积占总用海面积的 54.68%，斑块数目占总斑块数目的 94.23%，具有明显的渔业用海斑块面积小、零散分布的特点。

表 5-3 葫芦岛试验区海域使用的行政区域差异

海域使用类型	葫芦岛市		兴城市		绥中县	
	面积 /hm^2	斑块数	面积 /hm^2	斑块数	面积 /hm^2	斑块数
渔业用海	151.97	47	541.90	113	571.74	245
交通运输用海	238.00	7	61.92	6	119.75	5
工矿业用海	1637.85	57	539.22	20	224.89	5
旅游娱乐用海	71.44	2	72.20	6	26.56	2
排污用海	0	0	0	0	100.81	2
特殊用海	0.68	1	0	0	1.77	1
合计	2099.94	114	1215.24	145	1045.52	260

四、小结

虽然“3S”技术在海域使用监测管理中应用潜力已经被国内外海洋管理学者所认识，但是由于海域使用类型和形式的复杂性，加上海域使用监测管理要求技术的精确性，限制了“3S”技术在海域使用监测管理中的广泛应用。目前，我国海域使用监测管理中的“3S”技术还处于初级应用阶段，不能从根本上满足国家海域使用监测管理的要求。本节首先建立了海域使用类型卫星遥感监测分类体系，在此基础上，构建了各类海域使用类型的卫星遥感监测技术方法，并以葫芦岛市为例进行了海域使用空间格局卫星遥感监测与评估实证研究。结果表明：海域使用空间格局遥感监测与评估必须以即时的高空间分辨率遥感影像为基础，以全球定位系统地面差分定位为补充数据，充分应用地理信息系统的强大空间分析技术，立足于各类海域使用类型的空间复杂性特征，建立针对各类海域使用类型空间特征的信息提取技术，才能从斑块尺度到景观尺度，系统准确地对海域使用状况进行宏观监测与评估。

第二节　海域使用空间格局评估

海域使用空间格局指海域使用项目在海面上的空间分布与布局形态。科学的海域使用空间格局不仅可以有效集约 / 节约利用海域资源，减少海域使用对海洋环境的干扰与破坏，而且可以合理引导临海产业的空间布局，促进海洋经济的健康持续发展。随着我国海域使用范围的不断扩大，海域使用强度的不断增大，海域使用管理工作日趋复杂，迫切需要相关评估指标与评估方法的支持。从区域宏观尺度开展海域使用空间格局评估，对于优化海域使用空间布局、促进海洋经济结构转型、保护海洋资源环境都具有重要意义。

海域使用空间格局评估主要是对海域使用的空间特征与空间形式进行评估，包括海域使用的空间形态评估和海域使用的属性评估，海域使用的空间形态评估主要从海域使用的空间强度、海域使用的空间聚集度、海域使用的空间形状特征等方面展开；海域使用属性评估主要包括海域使用的主体类型与主体度评估、海域使用多样性评估、海域使用协调度评估等。为丰富海域使用评估方法，本节以海域使用确权矢量数据为基础，从区域宏观尺度探索开展海域使用空间格局评估的方法，以详细剖析海域使用的空间格局特征，为海域使用空间用途管理提供分析和管控方法。

一、海域使用空间格局评估指标的构建

1. 海域使用优势度

海域使用优势度指一定海域范围内某一海域使用类型所占的优势程度。可用海域使用优势度指数表示：

$$D=\sum_{i=1}^{m}N_i \tag{5-1}$$

$$N_i=(P_i+M_i)/2 \tag{5-2}$$

式中，D 为第 i 类海域使用类型的优势度；N_i 为第 i 类海域使用类型的重要值；P_i 为第 i 类海域使用类型的面积比例；M_i 为第 i 类海域使用类型的宗块数量比例。

2. 海域使用空间复杂性

海域使用空间复杂性指海域使用空间形状的复杂程度，可用海域使用宗块形状系数和宗块面积变异系数表示：

$$\mathrm{HSI}=\frac{0.25E}{\sqrt{A}} \tag{5-3}$$

$$\mathrm{HSCV}=\frac{\mathrm{HSSD}}{\mathrm{HPS}} \tag{5-4}$$

式中，HSI 为海域使用宗块形状系数；E 为海域使用宗块外部边长（与开阔海域相邻接的边长）；A 为海域使用面积；HSCV 为海域使用宗块面积变异系数；HSSD 为海域使用宗块面积的标准差；HPS 为海域使用宗块平均面积。

3. 海域使用多样性

海域使用多样性指一定海域范围内各类海域使用类型在面积组成上的复杂性。可用海域使用多样性指数表示：

$$\mathrm{HYDI}=-\sum_{i=1}^{m}[P_i\ln(P_i)] \tag{5-5}$$

即每一类海域使用类型占海域使用总面积的比例乘以其对数，然后求和，取对数。式中，P_i 为第 i 类海域使用类型占总海域使用面积的比例；m 为海域使用类型总数量。取值范围：HYDI ≥ 0，上无限。当海域范围内只有一种海域使用类型时，HYDI=0；当海域使用类型增加或各海域使用类型所占面积比例趋于相似时，HYDI 值相应增加。

4. 海域使用强度评估

海域使用强度指海域空间开发利用的强弱程度，可用海域实际利用面积与海域利用平面面积的比例。这里主要指由于海域使用兼容性、海域空间立体使用产生的海域空间复合利用程度，可用下式表示：

$$\mathrm{SUS}=\frac{\sum_{i=1}^{n}a_i}{A_u} \tag{5-6}$$

式中，SUS 为海域强度指数；A_u 为海域开发利用平面总面积；a_i 为第 i 类海域使用宗块面积。取值范围：SUS ≥ 1。

5. 海域使用协调度

海域使用协调度主要评估海域使用与海洋功能区划的符合性和各海域使用类型之间的兼容性。

海域使用符合度指某一或某些海域使用项目与海洋功能区划之间的符合程度。采用海域使用符合度指数评估某一海洋功能区内海域使用类型与其主体功能的符合性。海域使用符合度指数计算方法如下：

$$\mathrm{FH}=1-\sum_{i=1}^{n} wa_i \tag{5-7}$$

式中，FH 为海域使用复合度指数；w 为符合度判定指标，如果海域使用类型符合该海洋功能区，则 w 为 0，如果海域使用类型不符合该海洋功能区划，则 w 为 1.0；a_i 为某一海域使用类型占该海洋功能类型区的面积比例；$0 \leqslant \mathrm{FH} \leqslant 1.0$。海域使用复合度指数越高，则海域使用类型与海洋功能区划的符合性越好，当 FH=1.0 时，海域使用完全符合海洋功能区划；反之，海域使用类型与海洋功能区划符合性越差。当 FH=0 时，海域使用类型完全不符合海洋功能区划要求。

二、葫芦岛市海域使用空间格局评估实证研究

1. 海域使用空间形态评估

葫芦岛市海域使用类型组成结构见表 5-4。可以看出，养殖用海的优势度最大，达到 0.7241，为葫芦岛市海域使用的最主要类型，面积占葫芦岛市海域使用总面积的 58.25%，宗块数量众多，占葫芦岛市海域使用总宗块数量的 86.56%，说明葫芦岛市养殖用海多为小面积的养殖宗块；交通运输用海优势度其次，优势度指数为 0.1449，为葫芦岛市第二大海域使用类型，面积占区域海域使用总面积的 23.89%，宗块数量比例为 5.09%，说明交通运输用海多为大面积的用海宗块。其他海域使用类型的优势度都小于 0.10，说明它们在葫芦岛市海域使用面积和宗块数量中占的比例都很小，它们的面积比例依次为固体矿产开采用海 5.59%、盐业用海 4.36%、排污用海 4.12%、城镇建设用海 2.11%、休闲娱乐用海 1.04%、临海工业用海 0.48% 和电缆管道用海 0.17%。

表 5-4 葫芦岛市海域使用类型组成结构

海域使用类型	面积比例	宗块比例	重要值	优势度
养殖用海	0.5825	0.8656	0.7241	0.7241
固体矿产开采用海	0.0559	0.0029	0.0294	0.0294
城镇建设用海	0.0211	0.0163	0.0187	0.0187

续表

海域使用类型	面积比例	宗块比例	重要值	优势度
电缆管道用海	0.0017	0.0029	0.0023	0.0023
排污用海	0.0412	0.0029	0.0221	0.0221
休闲娱乐用海	0.0104	0.0125	0.0115	0.0115
盐业用海	0.0436	0.0202	0.0319	0.0319
交通运输用海	0.2389	0.0509	0.1449	0.1449
临海工业用海	0.0048	0.0038	0.0043	0.0043

由于葫芦岛市海域使用类型中养殖用海的优势度突出（图 5-1），其空间形状主导了葫芦岛市海域使用的空间形状。葫芦岛市养殖用海的空间形态复杂多样，其空间形状系数极高，达到了 26.290，致使葫芦岛市海域使用空间形状总体系数也高达 27.207，两者比较接近。其他海域使用类型的空间形状相对比较简单，其中电缆管道用海由于沿电缆管线走向呈条带状分布，空间形状系数为 8.410；交通运输用海由于存在航道等条带状海域使用空间形态，空间形状系数为 8.264；城镇建设用海空间形状系数为 4.607，盐业用海空间形状系数为 4.105，休闲娱乐用海空间形状系数为 3.988，临海工业用海空间形状系数为 2.103，排污用海和固体矿产开采用海空间形状系数较小，分别为 1.437 和 1.626。

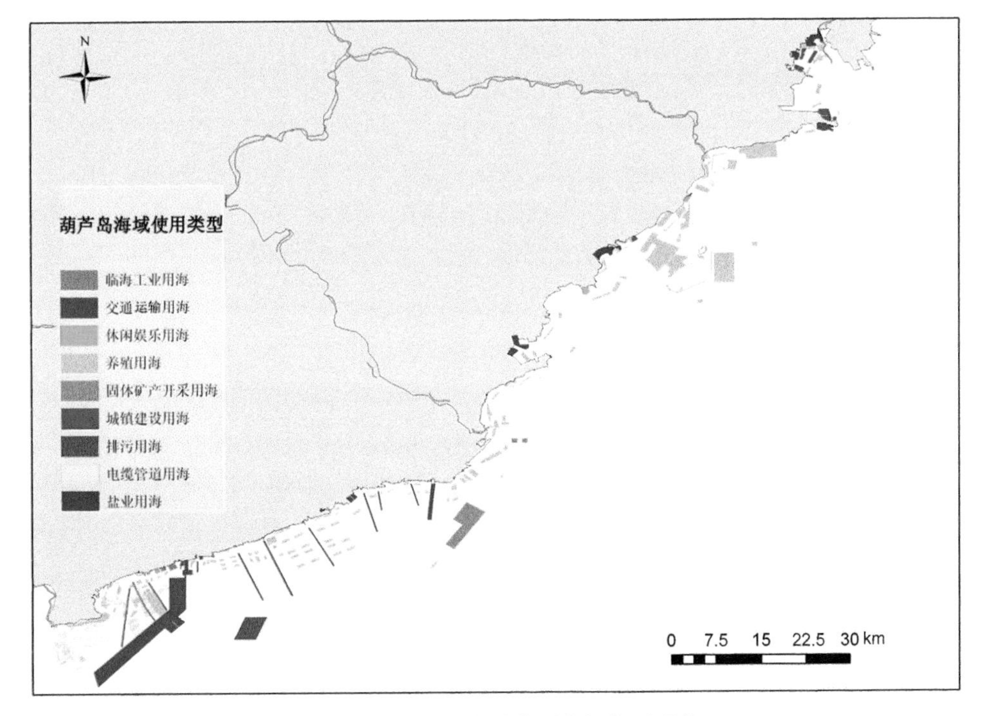

图 5-1　葫芦岛市海域使用空间格局现状

葫芦岛市海域使用多样性指数总体为1.2514，在市属的4个市、区、县中，绥中县海域使用多样性最高，多样性指数为1.2154，兴城市海域使用多样性最低，多样性指数为0.4630，葫芦岛城区所属的龙港区和连山区海域使用多样性比较接近，分别为0.9125和1.0445（表5-5）。

表5-5 葫芦岛市海域使用多样性指数

龙港区	连山区	绥中县	兴城市	葫芦岛总体
0.9125	1.0445	1.2154	0.4630	1.2514

海域使用总面积为28 726.36 hm^2，海域总体开发利用率为8.02%，其中绥中县海域开发利用率为9.97%，兴城市海域开发利用率为7.46%，连山区海域开发利用率为3.87%，龙港区海域开发利用率为5.31%。葫芦岛市海域复合开发利用很少，因此，海域开发利用复合度与海域开发利用率基本等同。

2. 海域使用协调度评估

绥中县海域使用海洋功能区划符合程度见图5-2。绥中县农渔业功能区交通运输用海占3.76%，排污用海占0.74%，固体矿产开采用海占0.35%，农渔业功能区海域使用符合度指数为0.952。绥中县海洋保护功能区渔业用海占19.94%，海洋保护功能区海域使用符合度为0.8006。绥中县旅游娱乐功能区总面积为7221.01hm^2，养殖用海占旅游娱乐功能区的24.48%，交通运输用海占旅游娱乐功能区的3.99%，绥中县旅游娱乐功能区海域使用符合度为0.7153。港口航运功能区面积为8111.48hm^2，养殖用海占交通运输用海功能区的5.22%，排污用海占交通运输用海功能区的1.58%，绥中县交通运输用海功能区海域使用符合度为0.932。工业与城镇建设功能区面积为4786.99hm^2，养殖用海占该功能区总面积的5.65%，交通运输用海占该功能区总面积的5.60%，绥中县工业与城镇建设用海功能区海域使用符合度为0.8875。

三、小结

目前，海域使用空间格局评估仍处于初级探索阶段，不能从根本上满足国家海域使用管理的要求。本节结合海域使用空间格局特点和海域使用特征，探讨建立了海域使用优势度、海域使用多样性、海域使用复杂性、海域使用强度和海域使用协调度5种海域使用空间格局评估指标方法。这些海域使用空间格局评估指标能从斑块尺度到景观尺度，系统准确地对海域使用空间格局状况进行宏观评估，希望能够为海域使用空间格局评估提供技术依据。

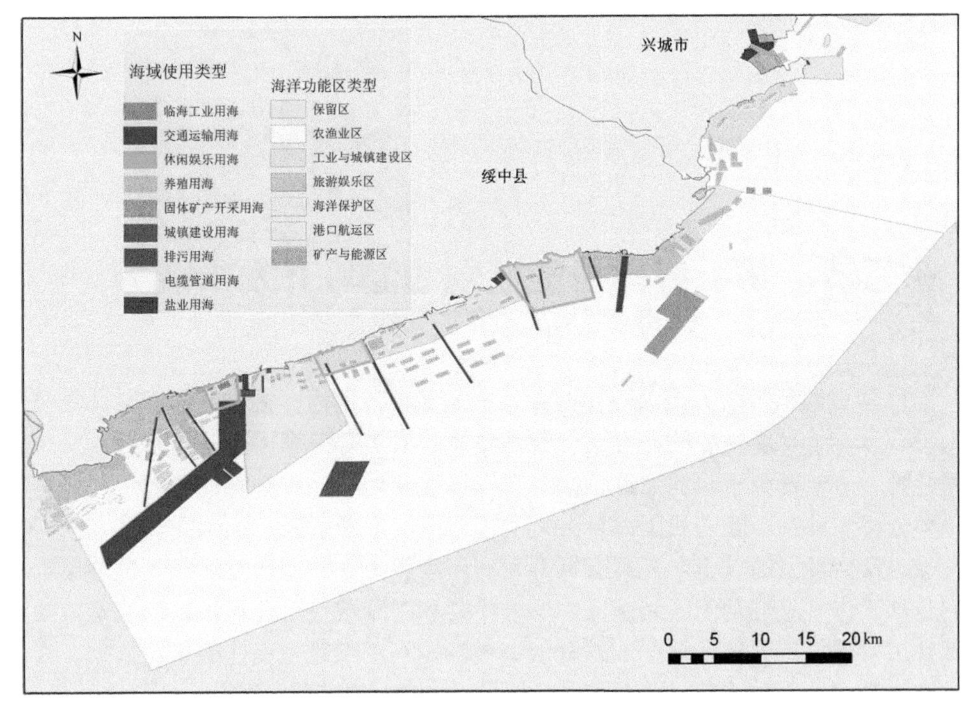

图 5-2 绥中县海域使用海洋功能区划符合程度图

第三节　基于海洋功能区划的海域开发承载力评估

海洋资源承载能力反映一定时期和一定区域范围内，在维持区域海洋资源结构符合可持续发展需要的条件下，海洋资源对人类开发利用活动的承载状态与支撑能力。海洋资源承载能力评估是对海洋开发利用活动符合海洋资源承载能力的总体分析与评判。随着我国海域开发利用强度的不断增大，加强海洋开发利用管理成为社会发展的共识，开展海域开发利用承载力评估是加强海洋开发利用管理的基础工作。海洋功能区划是《中华人民共和国海域使用管理法》依法确定的海域使用管理的重要技术依据，是开展海域开发利用承载力评估的重要依据。为探讨海洋功能区划体系下的海洋开发利用承载力评估方法，本节以津冀海域为例，探索构建海域开发利用承载力评估的指标体系方法与评估标准，以期为海域开发利用承载力评估、海域综合管理提供技术方法依据。

一、评估数据

海域开发利用数据主要来源于国家海域使用动态监视监测管理系统中的海域使用确权数据，截止时间为 2014 年 12 月 31 日。对于实际海域使用（主要是围填海）与海域使用确权数据差异较大的区域，采用 2014 年采集的环境减灾卫星遥感影像，以人机交互方式提取实际围填而未确权的围填海区域，形成相对完整的研究区海域使用矢量数据。海域开发利用承载力评估单元以县级行政单元为主，县级行政单元的划分依据县级行政区海域勘界数据。

海洋功能区划数据为国务院批复的省级行政区海洋功能区划矢量数据。

二、评估指标

海域使用分类将我国的海域使用划分为渔业用海、交通运输用海、工业用海、旅游娱乐用海、海底工程用海、排污倾倒用海、造地工程用海和特殊用海共 8 个一级海域使用类型与 30 个二级海域使用类型，具体分类见表 5-6。为了全面客观地反映各类海域开发利用活动对海域资源的影响程度，本节采用专家打分法，以打分表的形式咨询熟悉海域开发与管理领域的 36 位专家，邀请专家对 30

个二级海域使用类型的海域资源影响程度进行 0 ～ 1.0 的打分。剔除明显不合理的打分，统计分析专家打分结果，取每类海域使用类型的平均专家打分为该海域使用类型的海域资源影响系数。

表 5-6 海域使用分类体系及海域资源影响系数

海域使用一级类型	海域使用二级类型	l_i
渔业用海	渔业基础设施用海	1.0
	围海养殖用海	0.8
	开放式养殖用海和人工鱼礁	0.2
交通运输用海	港口用海	1.0
	航道	0.5
	锚地	0.3
	路桥用海	0.4
工业用海	盐业用海	0.8
	临海工业用海	1.0
	固体矿产开采用海	0.2
	油气开采用海	0.2
旅游娱乐用海	旅游基础设施用海	1.0
	浴场用海	0.2
	游乐场用海	0.2
海底工程用海	电缆管道用海	0.2
	海底隧道用海	0.2
	海底场馆用海	0.2
排污倾倒用海	倾倒区用海	1.0
	污水达标排放用海	0.6
造地工程用海	城镇建设填海造地用海	1.0
	农业填海造地用海	0.8
	废弃物处置填海造地用海	1.0
特殊用海	科研教学用海与军事用海	0.5
	海洋保护区用海	0.1
	海岸防护工程用海	0.1

注：临海工业用海包括船舶工业用海、电力工业用海、海水综合利用用海、其他工业用海。

以每类海域使用类型的用海面积及其海域使用资源影响系数为基础，构建海域开发强度指数如下：

$$P_E = \frac{\sum_{i=1}^{n}(s_i l_i)}{S} \tag{5-8}$$

式中，P_E 为海域开发强度指数；n 为海域使用类型数；S_i 为第 i 类海域使用类型的用海面积；S 为评估单元海域总面积；l_i 为第 i 类海域使用类型的资源影响系数，见表 5-6。

三、评估标准

海洋功能区划是海洋空间开发利用管理的基本依据。海洋功能区划将海洋空间划分为农渔业区、港口航运区、工业与城镇建设区、矿产与能源区、旅游娱乐区、海洋保护区、特殊利用区和保留区 8 个一级海洋基本功能区，并根据每类海洋基本功能区的开发利用与保护目标，提出禁止改变海域自然属性、严格限制改变海域自然属性和允许适度改变海域自然属性等管控要求。

本节根据海洋功能区划对各类海洋基本功能区海域空间开发利用与保护的管控要求如下：①农渔业区主要允许开展以农渔业资源开发利用为主的用海活动，包括渔业捕捞、渔业增养殖、渔业品种养护，以及有限的渔业基础设施建设和农业围垦；②港口航运区主要允许开展以港口航运为主的开发利用活动，允许适度改变海域自然属性，修建港口、码头基础设施；③工业与城镇建设区主要为工业发展和城镇拓展用海区，允许填海造地等完全改变海域自然属性的用海活动；④矿产与能源区主要为开发海洋矿产和能源资源的用海区，允许为开发海洋矿产与能源资源而有限地改变海域自然属性，修建海洋矿产与能源资源开发辅助技术设施；⑤旅游娱乐区主要为发展海洋旅游娱乐产业的用海区域，允许有限地改变海域自然属性，建设旅游娱乐基础设施；⑥海洋保护区以保护海洋生态环境和自然资源为主，在实验区允许少量开发活动；⑦特殊利用区为海洋资源特殊利用设置的功能区，允许为利用海洋空间而少量改变海域自然属性；⑧保留区为保留有待以后利用的海洋空间，要求逐步减少开发利用强度。

针对以上各类海洋基本功能区对海域开发利用活动的管控要求，同时咨询专家建议，建立了各类海洋基本功能区海域开发利用允许因子，具体见表 5-7。以海洋功能区划矢量数据为基础，结合每类海洋基本功能区的允许开发利用因子，建立海域空间开发利用标准如下：

$$P_{M0} = \frac{\sum_{i=1}^{8} h_i a_i}{S} \tag{5-9}$$

式中，P_{M0} 为海域空间开发利用标准；a_i 为第 i 类海洋基本功能区面积；h_i 为第 i 类海洋基本功能区的允许开发利用因子。

表 5-7 各类海洋基本功能区海域开发利用因子

海洋功能区类型	海洋功能区允许的海洋开发程度	允许开发利用因子
农渔业区	允许有限地改变海域自然属性，并符合海洋主体功能区规划的管控要求	h_i=0.60
港口航运区	允许适度改变海域自然属性，并符合海洋主体功能区规划的管控要求	h_i=0.70
工业与城镇建设区	允许填海造地等完全改变海域自然属性的用海活动，但比例不能超过 60%，并符合海洋主体功能区规划的管控要求	h_i=0.60
矿产与能源区	允许有限地改变海域自然属性，并符合海洋主体功能区规划的管控要求	h_i=0.60
旅游娱乐区	允许有限地改变海域自然属性，并符合海洋主体功能区规划的管控要求	h_i=0.60
海洋保护区	不允许改变海域自然属性，实验区允许适度开发利用	h_i=0.20
特殊利用区	允许少量改变海域自然属性，并符合海洋主体功能区规划的管控要求	h_i=0.40
保留区	不允许改变海域自然属性，逐步降低开发强度	h_i=0.10

四、海域开发利用承载力评估方法

海域开发利用承载力评估就是评估海域开发利用活动的承载力程度，这里的承载对象是海域开发利用活动，承载体是海域空间。以海域开发利用实际情况作为海域开发利用承载对象的度量，以海洋功能区划确定的海域开发利用允许程度作为海域开发利用承载力评估的基本标准，建立海域开发利用承载力指数如下：

$$R_2 = \frac{P_E}{P_{M0}} \tag{5-10}$$

式中，R_2 为海域开发利用承载力指数；P_E 为海域开发强度指数；P_{M0} 为海域空间开发利用标准。

根据区域海域开发利用承载力指数 R_2 的大小，将海域开发承载力状况划分为高、中、低 3 个等级，并对每个承载力等级进行标准赋值，具体划分依据见表 5-8。

表 5-8 海域开发利用承载力指数分级与赋值

评估依据	评估结果	赋值
$R_2 < 5.0$	低	3
$10.0 > R_2 \geqslant 5.0$	中	2
$R_2 \geqslant 10.0$	高	1

五、津冀海域开发利用承载力评估实证研究

1. 津冀近岸海域开发利用强度分析

津冀近岸海域开发利用情况见表 5-9。津冀近岸海域总面积为 900 231.80hm^2，其中开发利用面积为 144 216.40hm^2，仅占近岸海域总面积的 16.02%。开发利用类型主要有渔业、交通运输、临海工业、旅游娱乐和填海造地等 5 种，分别占开发利用总面积的 31.88%、19.51%、5.41%、1.16% 和 42.04%。海域开发利用存在明显的空间差异，曹妃甸区和天津滨海新区开发利用比例最高，分别占各自海域总面积的 31.89% 和 29.18%；而滦南县、秦皇岛市区和丰南区开发利用比例都很低，仅分别占各自海域总面积的 0.48%、2.88% 和 3.25%。另外，昌黎县和黄骅市海域开发利用比例分别达到 21.68% 和 15.89%。

表 5-9 津冀海域开发利用状况 （%）

区域	渔业	交通运输	临海工业	旅游娱乐	填海造地	开发比例
丰南区	1.03	0	0.87	0	0	3.25
滦南县	0.15	0	4.62	0	0	0.48
乐亭县	49.20	4.33	5.58	2.89	0.17	10.07
曹妃甸区	0.59	7.54	37.12	0	32.29	31.89
昌黎县	34.64	0	0	0	0	21.68
抚宁县	1.74	0	0	40.44	0	7.43
秦皇岛市区	0	5.07	2.48	46.21	0.07	2.88
黄骅市	8.12	7.93	6.35	0	13.20	15.89
天津滨海新区	4.53	75.13	42.99	10.46	54.27	29.18
总体	45 976.77hm^2	28 141.34 hm^2	7 797.27 hm^2	1 667.354 hm^2	60 633.65 hm^2	16.02

海域开发利用类型也存在明显的区域分异特点。开发利用面积最大的为填海造地，集中分布在天津滨海新区、曹妃甸区和黄骅市，分别占津冀近岸海域填海造地总面积的 54.27%、32.29% 和 13.20%。渔业开发总面积为 45 976.77hm^2，集中分布于乐亭县和昌黎县，分别占 49.20% 和 34.64%。交通运输开发主要集中于天津滨海新区，占 75.13%，其他区域开发规模都相对比较小。临海工业开发也是集中在天津滨海新区和曹妃甸区，分别占临海工业开发总面积的 42.99% 和 37.12%。旅游娱乐开发则集中在秦皇岛市区和抚宁县，分别占旅游娱乐开发总面积的 46.21% 和 40.44%。津冀海域开发利用总体上呈现出北部的秦皇岛市区及抚宁县以旅游娱乐开发为主，中部的乐亭县、昌黎县以渔业开发为主，而南部的

黄骅市、天津滨海新区和曹妃甸区以填海造地建设港口码头、临港工业、临海工业、滨海城镇为主。

按照本节的海域开发利用强度评估方法，得到津冀近岸海域开发利用强度指数，见图 5-3。津冀海域开发利用总强度指数为 4.67，在 9 个评估区域中，天津滨海新区、曹妃甸区和黄骅市海域开发强度明显高度区域总体海域开发利用强度指数，分别达到 9.13、7.01 和 6.33；昌黎县的海域开发强度指数接近区域总体海域开发利用强度指数，为 4.87；而乐亭县、秦皇岛市区、抚宁县、丰南区和滦南县海域开发利用强度指数明显低于区域总体开发利用强度指数，分别只有 2.48、2.10、1.99、1.45 和 0.13。

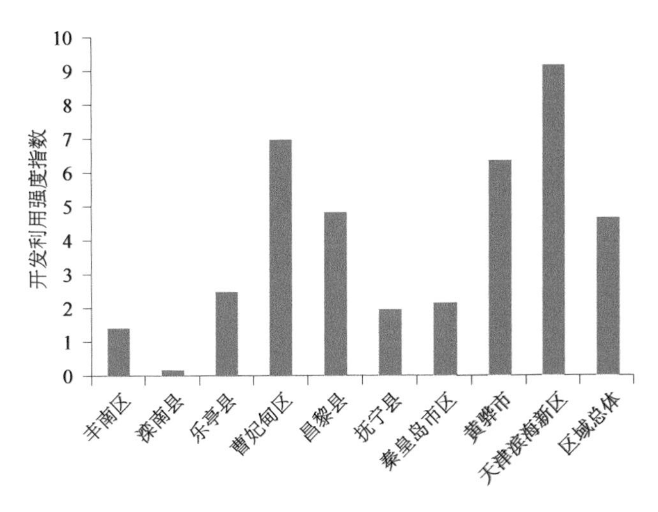

图 5-3　津冀近岸海域开发利用强度指数

2. 津冀近岸海域开发利用管理要求

依据《河北省海洋功能区划（2011 ～ 2020 年）》和《天津市海洋功能区划（2011 ～ 2020 年）》，统计得到津冀近岸海域海洋功能区类型及面积，见表 5-10。津冀近岸海域主要开发利用基本功能区有农渔业区、港口航运区、工业与城镇区、矿产与能源区、旅游休闲娱乐区、特殊利用区、海洋保护区和保留区 8 种类型，分别占近岸海域总面积的 42.77%、34.42%、7.10%、3.09%、7.01%、0.01%、2.38% 和 3.23%。可以看出津冀近岸海域主要开发利用功能定位总体为农渔业和港口航运，但在区域上仍有所差异，北部的秦皇岛市区以港口航运与旅游休闲娱乐功能定位为主，抚宁县和昌黎县以农渔业和旅游休闲娱乐功能定位为主，而天津滨海新区、曹妃甸区、黄骅市、乐亭县、滦南县、丰南区都以农渔业、港口航运、工业与城镇功能定位为主。

表 5-10　海洋功能区划类型及面积　（单位：hm^2）

评估单元	农渔业区	港口航运区	工业与城镇区	矿产与能源区	旅游休闲娱乐区	特殊利用区	海洋保护区	保留区
秦皇岛市区	6 613.00	53 323.50	479.90	0	21 912.10	0	244.10	4 269.40
抚宁县	19 039.20	0	0	0	9 104.80	0	0	0
昌黎县	57 056.60	0	0	0	5 484.10	71.30	2 144.40	0
乐亭县	122 476.30	81 976.20	3 472.80	10 453.50	11 474.40	0	5 333.70	0
曹妃甸区	11 218.90	74 217.20	21 218.20	0	0	0	0	0
滦南县	13 876.80	9 213.20	5 855.80	0	4 128.00	0	0	0
丰南区	41 335.80	16 162.50	1 609.90	10 390.60	0	0	0	0
黄骅市	48 784.30	15 576.00	6 455.90	8 135.00	176.20	0	4 128.10	15 364.40
天津滨海新区	80 533.70	72 163.00	27 325.40	3.50	13 400.00	0	10 474.90	10 672.70
总体	400 934.60	322 631.60	66 417.90	28 982.60	65 679.60	71.30	22 325.20	30 306.50

根据本节的海域空间开发利用标准计算方法，得到津冀近岸海域 9 个区域的海域空间开发利用管理标准，其中，大于 0.70 的有抚宁县、乐亭县、滦南县和丰南区，分别为 0.731、0.731、0.735 和 0.743；处于 0.65 ～ 0.70 的有秦皇岛市区（0.653）、曹妃甸区（0.680）和天津滨海新区（0.658）；昌黎县和黄骅市较小，分别为 0.639 和 0.615。

3. 津冀近岸海域开发利用承载力评估

按照本节构建的海域开发利用承载力评估方法，津冀近岸海域开发利用承载力评估结果见表 5-11。在津冀近岸海域 9 个评估单元中，天津滨海新区、曹妃甸区和黄骅市海域开发利用承载力指数都在 10.0 以上，属于承载力极高等级；昌黎县海域开发利用承载力指数为 7.61，处于 5.0 ～ 10.0 承载力较高等级；而秦皇岛市区、抚宁县、乐亭县、滦南县和丰南区海域开发利用承载力指数都小于 5.0，属于承载力较低等级，尤其是滦南县的海域开发利用承载力仅为 0.17 的极低水平。

表 5-11　海域开发强度等级评估结果

评估单元	P_E	P_{M0}	R_2	评估结果	赋值
秦皇岛市区	2.101	0.653	3.22	低	1
抚宁县	1.988	0.731	2.72	低	1
昌黎县	4.865	0.639	7.61	中	2
乐亭县	2.485	0.731	3.40	低	1
曹妃甸区	7.006	0.680	10.30	高	3
滦南县	0.127	0.735	0.17	低	1
丰南区	1.449	0.743	1.95	低	1
黄骅市	6.336	0.615	10.30	高	3
天津滨海新区	9.127	0.658	13.87	高	3

海域开发利用承载力极高的天津滨海新区、曹妃甸区和黄骅市都是大规模填海造地的集中区，填海造地面积分别达到各自区域海域开发总面积的55.16%、78.74%和55.33%，这些区域的潮间带滩涂湿地基本损失殆尽。昌黎县海域开发利用全部为渔业用海，近岸海域空间开发利用比例达到21.68%，海域开发利用承载力处于较高水平。秦皇岛市区、抚宁县、乐亭县、丰南区和滦南县海域开发利用总体比例都小于10.0%，开发利用方式以渔业、旅游、港口航运为主，对海域自然属性的改变比较少，所以开发利用承载力属于较低等级。

六、小结

近10年来，随着我国沿海经济社会的快速发展，以开发建设港口码头、临海/临港工业区、滨海城镇等为主旨的海域开发利用规模空间高涨，引起了国家和社会各界的高度关注。对于如何评估这种大规模海域开发的资源承载力状况，一直没有可行的方法。海洋功能区划是海域法依法确定的海域开发利用的重要技术依据。本节针对海域开发利用管理的技术需求，采用专家咨询法，确定了海域使用分类8个一级类型所包含的30个二级类型的资源影响系数，构建了海域开发强度指数及其计算方法和海域开发利用评估标准，以此为基础形成了基于海洋功能区划的海域开发利用承载力评估方法，以期为海域开发利用承载力评估提供技术依据。

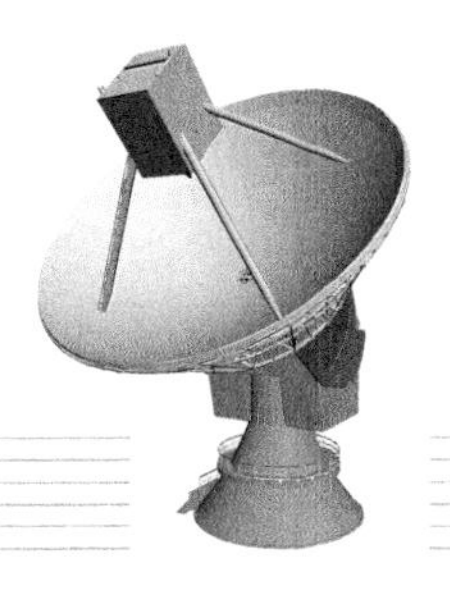

第六章

滨海湿地遥感监测与评估

第一节　滨海湿地破碎化遥感监测与评估

滨海湿地位于海陆交界地带，是相对独立于陆地和海洋的具有多功能生态系统的特殊过渡带。滨海湿地在维护区域生态平衡和环境稳定方面发挥着巨大的作用，也是海洋密集开发的重点区域。滨海湿地破碎化是指由于自然或人类活动干扰导致的滨海湿地由简单趋向复杂的过程，即湿地由单一、均质和连续的整体趋向于复杂、异质和不连续的斑块镶嵌体转化的过程。滨海湿地的破碎化与人类活动紧密相关，也深刻影响着滨海湿地结构、功能和过程，同时又与自然资源保护互为依托。随着我国沿海经济的快速发展和科技力量的不断进步，人类对滨海湿地的干扰越来越强，导致滨海湿地破碎化程度逐步加深。利用卫星遥感技术对滨海湿地破碎化过程进行监测与评估是滨海湿地保护与管理工作的重要内容。通过对滨海湿地破碎化监测与评估分析，可揭示人类活动对滨海湿地自然空间格局干扰和破坏的程度与过程，为滨海湿地的管理和保护提供依据。

一、滨海湿地景观格局遥感监测方法

采用的卫星数据有 Landsat MSS 遥感影像、Landsat TM 遥感影像、中巴资源环境卫星遥感影像（CBERS）。辅助数据包括 2005 年成像且经过精校正的 Spot-5 卫星遥感影像，1965 年的 1 ∶ 50 000 地形图。

应用经过精校正的 Spot-5 卫星遥感影像分别对 Landsat MSS、Landsat TM 和 CBERS 卫星遥感影像进行几何精校正，将 2 景影像间的相对误差控制在 0.5 个像元内。由于 CBERS 影像空间分辨率为 19m，而 Landsat TM 影像的空间分辨率为 28.5m，为了避免由于空间分辨率不一致而产生误差，分别对 2 景影像进行立方卷积法重采样，将其空间分辨率统一为 30m。为了较好地识别湿地植被与水体，将红、蓝、绿波段进行多波段乘积法彩色融合和影像拉伸增强等处理。

参考《海岛海岸带卫星遥感调查技术规程》和《全国湿地资源综合调查技术规程》中的湿地分类系统，建立滨海湿地卫星遥感分类体系，包括芦苇沼泽、稻田、河流、滩涂、浅海水域、养殖池塘、潮沟、建设地、林灌丛、坑塘 10 个类型，并建立湿地类型分类解译标志。在 Arc GIS 的支持下，对 1989 年采集的

Landsat TM 遥感影像进行人机交互式判读解译，勾绘出各类湿地的分布斑块，经修改完善，获得 1989 年湿地空间格局信息。然后以 1989 年的湿地空间格局信息为基础，对 2005 年采集的 CBERS 卫星遥感影像进行湿地类型解译、信息提取与划分、修正完善，获得 2005 年的湿地空间格局信息。

二、滨海湿地本底空间格局构建

1. 构建原则

滨海湿地本底空间格局构建的目的是真实、客观而全面地反映出滨海湿地在没有人类活动干扰以前的湿地空间格局。因此，必须遵循以下原则：湿地的自然性原则、湿地格局空间分异性原则和湿地类型的等级性原则。

2. 构建方法

在 20 世纪 70 年代以前，我国滨海湿地开发利用规模相对较小，基本保持了滨海湿地的本底空间格局状态。因此，以 20 世纪 70 年代的滨海湿地空间格局作为滨海湿地本底空间格局构建的主要依据，在前述滨海湿地类型划分的基础上，根据滨海湿地本底空间格局特征和构建的基本原则，剔除各类人工湿地类型，将滨海湿地本底格局划分为芦苇沼泽、潮沟、滩涂、河流、浅海水域、坑塘六大类型。在 Arc GIS 的支持下，按照 1 ∶ 50 000 地形图初步勾绘出以上六大类型自然湿地的空间分布，并根据 1976 年采集的 Landsat MSS 卫星遥感影像进行进一步的修正和完善，包括对六大类型滨海湿地自然空间分布格局的核实、细化与修正，增加湿地本底类型属性，计算各种滨海湿地本底类型斑块的面积和周长等，最后形成可以作为滨海湿地破碎化评估参照依据的滨海湿地本底空间格局矢量数据。

三、滨海湿地破碎化评估指标

为了对滨海湿地景观破碎化过程进行准确客观的评估，本节以滨海湿地本底空间格局为标准，选取对滨海湿地空间格局变化具有重要指示作用的格局指数作为滨海湿地破碎化过程的定量评估指标，包括斑块密度、最大斑块指数、斑块形状指数、聚集度指数和自然度指数，各指标的计算方法如下。

（1）斑块密度指数。斑块密度指数是指斑块个数与面积的比值。根据这一思路，可以计算整个滨海湿地评估区的斑块总数量与面积之比，也可以计算各类型滨海湿地斑块数量与其面积之比。比值越大，滨海湿地破碎化越高。根据这一指标可以比较不同滨海湿地类型的破碎化程度。通过监测不同时期滨海湿地的斑块密度指数进行计算，也可以监测不同滨海湿地类型的破碎化动态过程，从而识别不同滨海湿地类型受干扰强度的动态变化过程。

（2）最大斑块指数。最大斑块指数是滨海湿地中最大斑块的面积除以所有斑块的总面积，再乘以 100（转换成百分比）。取值范围：0 < LPI ≤ 100。

$$\mathrm{LPI}=\frac{Max(a_1,\ldots,\ a_n)}{A}\times 100\% \tag{6-1}$$

（3）湿地斑块形状破碎化指数。

$$\mathrm{FS}=1-1/\mathrm{ASI} \tag{6-2}$$

$$\mathrm{ASI}=\sum_{i=1}^{N}A(i)\mathrm{SI}(i)/A \tag{6-3}$$

$$\mathrm{SI}(i)=P(i)/[4\sqrt{A(i)}] \tag{6-4}$$

$$A=\sum_{i=1}^{N}A(i) \tag{6-5}$$

式中，FS 是某一湿地类型的斑块形状破碎化指数；ASI 是用面积加权的湿地斑块平均形状指数；SI（i）是湿地斑块 i 的形状指数；P（i）是湿地斑块 i 的周长；A（i）是湿地斑块 i 的面积；A 是该湿地类型的总面积；N 是该湿地类型的斑块数。

（4）湿地聚集度指数。湿地聚集度描述的是滨海湿地不同类型的团聚程度。由于这一指数包含空间信息，因而被广泛应用于湿地研究领域。

聚集度的计算公式为

$$\mathrm{RC}=1-\frac{C}{C_{\max}} \tag{6-6}$$

式中，RC 是相对聚集度指数；C 为复杂性指数；$C_{\max}$ 为 C 的最大可能取值，C 和 $C_{\max}$ 的计算公式如下：

$$C=-\sum_{i=1}^{n}\sum_{j=1}^{m}P(i,j)\log[P(i,j)] \tag{6-7}$$

$$C_{\max}=m\log(m) \tag{6-8}$$

$$P(i,j)=E(i,j)/\mathrm{Nb} \tag{6-9}$$

式中，P（i，j）为斑块类型 i 与 j 相邻的概率；n 为景观类型数量；m 为景观斑块数量；E（i，j）是相邻湿地类型 i 与湿地类型 j 之间的共同边界长度；Nb 是各类湿地类型边界的总长度；RC 取最大值，代表湿地由少数团聚的大斑块组成，

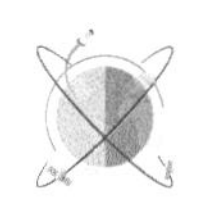

RC 最小，代表湿地由许多小斑块组成。

（5）湿地自然度。湿地自然度是湿地与原生湿地相比的自然程度，其计算公式为

$$\mathrm{Wn}=\frac{\sum_{i=1}^{n}A(i)}{\sum_{i=1}^{n}A_0(i)} \tag{6-10}$$

式中，Wn 为第 i 类湿地的自然度；A（i）为第 i 类湿地类型的总面积；A_0（i）为第 i 类湿地的原生面积，这里以滨海湿地本底格局中的原生面积为依据。

四、绿江口滨海湿地破碎化监测与评估实证研究

1. 鸭绿江口滨海湿地面积变化过程

鸭绿江口滨海湿地本底空间格局及其 1989 年和 2005 年破碎化程度见图 6-1。各时期鸭绿江口滨海湿地破碎化面积统计见表 6-1。

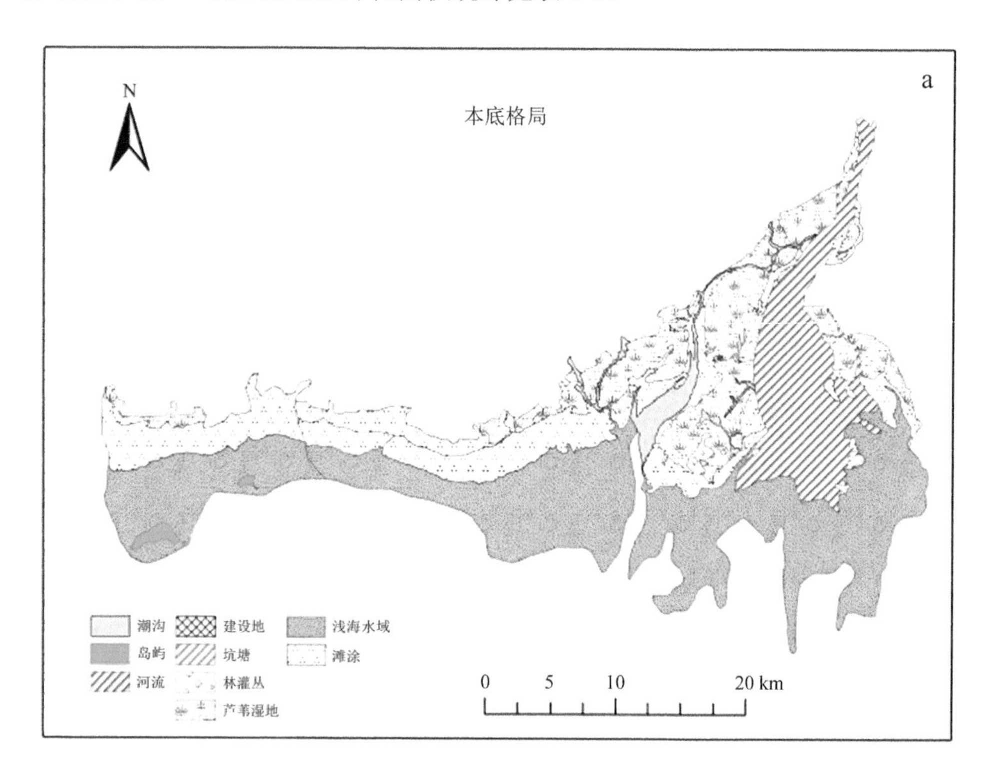

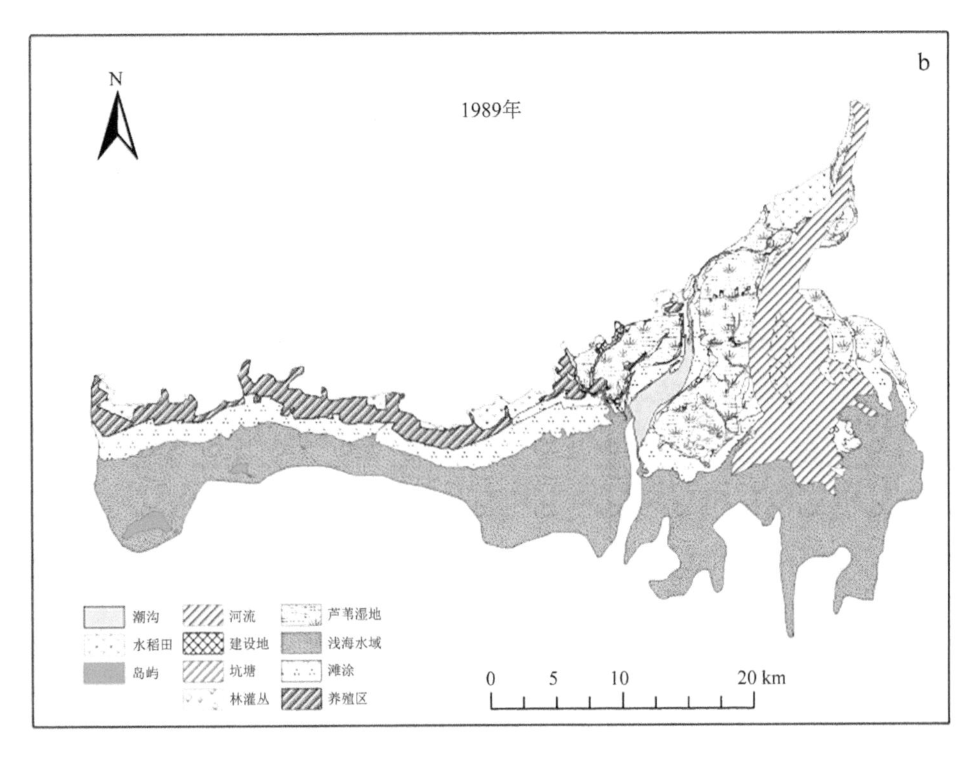

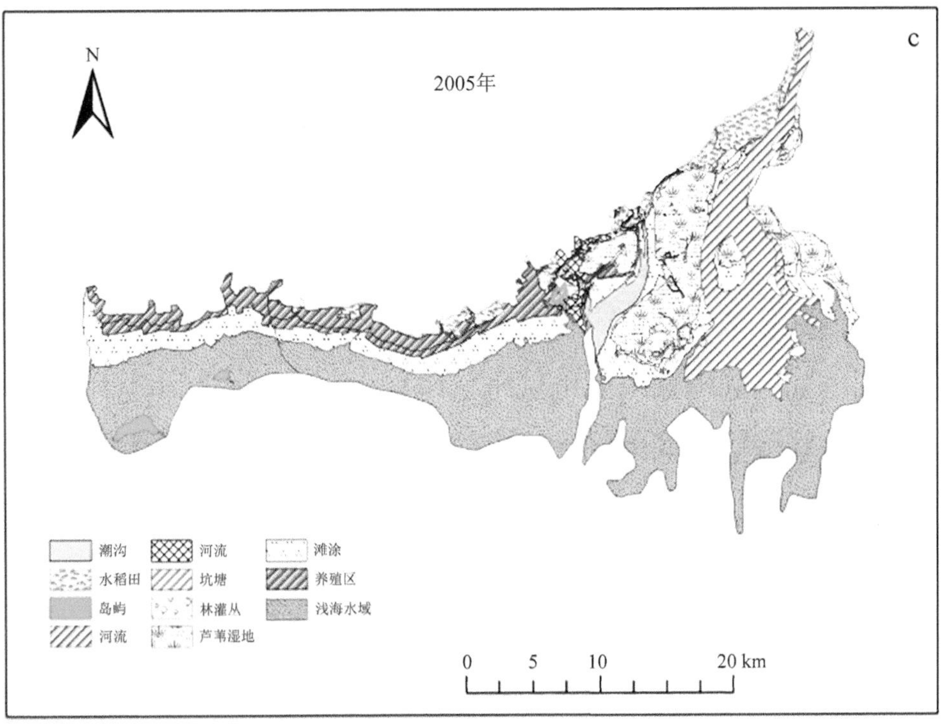

图 6-1 鸭绿江口自然滨海湿地破碎化过程

表 6-1 鸭绿江口自然湿地面积变化过程

湿地类型	本底空间格局		1989 年		2005 年	
	面积 /hm²	自然度	面积 /hm²	自然度	面积 /hm²	自然度
芦苇沼泽	14 663.29	100	11 660.70	79.52	10 255.94	69.94
滩涂湿地	17 652.84	100	13 488.68	76.41	12 619.89	71.49
河流湿地	11 776.14	100	11 349.79	96.38	10 625.52	90.23
潮沟	2 149.05	100	1 791.82	83.38	1 685.28	78.42
坑塘	28.91	100	16.52	57.14	33.42	115.60
浅海水域	34 981.41	100	34 961.69	99.94	34 949.64	99.91
林灌丛	292.93	100	286.30	97.74	374.45	127.83
建设地	—	—	256.75	—	1 192.60	—
养殖池塘	—	—	5 608.98	—	6 510.36	—
稻田	—	—	2 880.07	—	3 129.11	—

与本底格局相比，1989 年各湿地类型面积都出现一定程度萎缩，其中坑塘、滩涂湿地和芦苇沼泽面积减少幅度最大，其自然度分别为 57.14、76.41 和 79.52，浅海水域自然度最高，为 99.94。伴随着滩涂和芦苇沼泽面积的减少，出现了养殖虾、蟹等水生动物的养殖池塘和稻田，分别占湿地总面积的 6.82 和 3.50。2005 年自然湿地面积进一步萎缩，芦苇沼泽和滩涂湿地面积分别减少至 10 255.94hm² 和 12 619.89hm²，其自然度分别为 69.94 和 71.49，潮沟和河流湿地自然度也分别减少为 78.42 和 90.23。根据调查，芦苇沼泽面积减少部分主要转化为东港市建设用地和稻田，而滩涂和潮沟面积减少部分则主要被围垦为水产养殖池塘。

2. 鸭绿江口各湿地类型破碎化评估

鸭绿江口各自然湿地类型破碎化评估指标值见表 6-2。可以看出，在滨海湿地本底格局中，各自然湿地类型多呈片状分布，斑块密度大多很小，而潮沟、坑塘和林灌丛分布较为分散，斑块密度指数分别为 3.26、6.95 和 6.83。浅海水域和河流湿地都是连片分布，各为 1 个整体斑块，斑块密度指数分别为 0.06 和 0.85。随着湿地资源的不断开发，滨海湿地本底空间格局发生了很大的改变。1989 年，芦苇沼泽、滩涂湿地、潮沟、坑塘的斑块破碎化最为显著，斑块密度指数分别为 9.67、1.60、1.54、1.72，河流湿地和浅海水域斑块破碎化不明显，斑块密度指数仅分别为 1.03 和 1.00。此后，随着东港市城市扩展、大东港的建设及滨海滩涂水产养殖业的发展壮大，滨海湿地空间格局破碎化程度进一步加大。2005 年，芦苇沼泽斑块破碎化最为显著，斑块密度指数为 18.51；其次是滩涂湿地，斑块密度指数为 6.88；浅海水域、潮沟和林灌丛斑块密度变化较小。

表 6-2 鸭绿江口自然湿地类型破碎化过程

时间阶段	破碎化指数	芦苇沼泽	滩涂湿地	河流湿地	潮沟	坑塘	浅海水域	林灌丛
本底格局	斑块密度指数	0.14	0.79	0.85	3.26	6.95	0.06	6.83
	最大斑块指数	7.01	14.34	14.36	1.93	0.02	23.29	0.34
	斑块形状指数	8.18	8.28	3.58	9.20	1.81	4.60	2.150
	斑块聚集度指数	0.98	0.98	0.99	0.95	0.95	0.99	0.98
1989 年	斑块密度指数	9.67	1.60	1.03	1.54	1.72	1.00	1.54
	最大斑块指数	7.40	8.52	13.84	1.66	0.02	23.27	0.31
	斑块形状指数	7.39	9.93	2.98	8.45	1.57	4.61	3.75
	斑块聚集度指数	0.98	0.97	0.99	0.95	0.95	0.99	0.95
2005 年	斑块密度指数	18.51	6.88	2.23	1.63	2.30	1.51	1.84
	最大斑块指数	7.48	8.46	12.94	1.77	0.03	23.22	0.45
	斑块形状指数	7.17	8.99	2.64	8.20	1.42	4.69	2.82
	斑块聚集度指数	0.97	0.98	0.99	0.95	0.96	0.99	0.97

从斑块形状分析，鸭绿江口滨海湿地本底格局以潮沟斑块形状最为复杂，斑块形状指数为 9.20，其次为滩涂湿地和芦苇沼泽，斑块形状指数分别为 8.28 和 8.18。在人类活动不断干扰和湿地环境自然演化双重作用下，滨海湿地斑块形状也在不断发生变化。受人为围堵、填埋和自然淤积等因素影响，1989 年潮沟的斑块形状指数降低为 8.45；相反，滩涂湿地受围海养殖等人类开发活动影响，斑块形状趋于复杂化，斑块形状指数达到 9.93；芦苇沼泽也因受开垦种植、人为破坏等干扰活动影响，斑块形状指数减少为 7.39。到 2005 年，各湿地类型斑块形状持续变化，芦苇沼泽的斑块形状指数降低到 7.17，河流、潮沟、坑塘的斑块形状指数分别降低为 2.64、8.20、1.42，滩涂湿地则由于围海养殖区的扩大，使得其斑块形状仍保持复杂化状态，斑块形状指数达到 8.99。

在滨海湿地本底格局中，浅海水域、滩涂湿地、河流的最大斑块指数较大，分别为 23.29、14.34 和 14.36。滩涂湿地和河流湿地因围海养殖导致大斑块面积减小，斑块破碎化明显，2005 年其最大斑块指数分别为 8.46 和 12.94。芦苇沼泽因其较小的斑块被开垦或旱化，使得大斑块的面积优势有所增大，最大斑块指数一直在增大，1989 年和 2005 年分别为 7.40 和 7.48。

斑块聚集度指数反映了滨海湿地类型斑块在空间的聚集程度。由表 6-2 可以看出，在鸭绿江口滨海湿地中，各时期所有自然湿地类型的斑块聚集度指数都比较高，反映出评估区各湿地类型多呈聚集分布的空间格局。其中浅海水域和河流湿地的聚集度指数较大，而且变化不明显；而芦苇沼泽和滩涂湿地则出现小幅度的波动，芦苇沼泽斑块聚集度指数先呈减小趋势，滩涂湿地斑块聚集度指数则较本底格局持续减小，但 2005 年较 1989 年略有增大。

3. 鸭绿江口滨海湿地破碎化总体评估

鸭绿江口滨海湿地空间格局破碎化总体评估指标值见表 6-3。从滨海湿地整体空间格局分析，鸭绿江口滨海湿地本底格局的自然度为 100，1989 年减少为 89.37，2005 年进一步减少为 86.69。在滨海湿地空间格局破碎化过程中，一方面湿地斑块破碎化使湿地斑块数目增多；另一方面大量人工湿地斑块出现，也增加了湿地斑块数目，导致斑块密度不断增加，1989 年和 2005 年滨海湿地斑块密度指数分别为 1.78 和 2.27。同时，湿地最大斑块面积在不断减小，最大斑块指数呈走低趋势。斑块数目增多导致斑块形状不断复杂化，斑块形状指数持续增大，2005 年达到 1.60。斑块聚集度指数则受自然湿地破碎化加剧的影响而持续减小，但幅度不大，2005 年斑块聚集度指数仍达到 0.99，说明鸭绿江口滨海湿地仍然以大斑块组成为主，但是滨海湿地中的小斑块数目也在不断增加。

表 6-3 鸭绿江口自然湿地景观破碎化过程

时间阶段	湿地自然度	斑块密度指数	最大斑块指数	斑块形状指数	斑块聚集度指数
本底格局	100	1.0	1.0	1.0	1.0
1989 年	89.37	1.78	0.99	1.12	0.99
2005 年	86.69	2.27	0.99	1.60	0.99

五、小结

滨海湿地是全球重要的湿地类型之一，具有高度的湿地生境复杂性，是全球重要的生物多样性富集区。滨海湿地空间格局的破碎化，一方面缩小了湿地生境的面积，直接影响了湿地水生生物和珍稀鸟类种群数量的维持；另一方面滨海湿地斑块的破碎和分割，也会影响滨海湿地物种之间的交流，增加同种物种之间的近亲繁殖，影响种群发展质量。另外，滨海湿地空间格局破碎化也破坏了滨海湿地的整体格局，影响了湿地景观的观赏价值，直接破坏了湿地旅游资源。为全面监测与评估滨海湿地破碎化过程，本节以卫星遥感影像为基础，构建了剔除人为干扰的滨海湿地原始空间分布格局——滨海湿地本底格局，可作为强度开发环境下，滨海湿地空间格局破碎化评估的参照依据。以滨海湿地本底空间格局为依据，建立了滨海湿地破碎化评估的斑块密度、最大斑块指数、斑块形状指数、斑块聚集度指数和湿地自然度，用以量化评估滨海湿地破碎化程度，以期为滨海湿地破碎化监测与评估提供技术依据。

第二节　滨海湿地生态脆弱性遥感监测与评估

生态脆弱性是生态系统在特定时空尺度上相对于干扰而具有的敏感反应和恢复状态，是生态系统固有属性在干扰作用下的外在表现，具有原生脆弱性和次生脆弱性。生态脆弱性评估是识别脆弱区生态状况的重要手段之一，多年来受到众多学者的关注，并对此做出大量的理论、方法和应用研究。但是许多研究都是基于现场调查的定量化、半定量化评估，很少开展空间趋势性的面状生态脆弱性定量评估，造成评估结果的实用性、可观性价值低，不能有效支撑生态环境保护的空间差异性管理。滨海湿地是一个既不同于水体又不同于陆地的特殊过渡带，由于其边缘效应活跃、生态稳定性差、生产力波动性大，对人类活动及突发性灾害反应敏感，具有极高的生态脆弱性和不稳定性。利用卫星遥感技术开展滨海湿地生态脆弱性评估，可反映滨海湿地生态脆弱性的空间趋势，直观、明了，有利于管理实践应用。本节利用卫星遥感技术结合地理信息系统技术，探索建立了滨海湿地生态脆弱性的空间趋势性评估方法，为滨海湿地生态脆弱性监测与评估提供技术方法。

一、滨海湿地主要生态脆弱源分析

1. 海平面上升

根据近 40 多年的验潮资料分析，中国沿海海平面上升速率为 1.4 ～ 2.0mm/a，与全球上升速率一致。滨海湿地地势低平，海平面上升的影响要远大于其他区域。海平面上升为海水入侵提供了动力条件，海洋动力增强引起浅滩边缘侵蚀后退速率加快，风暴潮灾害加剧；海平面上升，则滨海滩涂湿地首当其冲，海水可能沿河口入侵，导致沿海平原低地的淹没和沼泽化、海堤失效等，将严重改变滨海湿地的生态格局，增加区域生态系统的脆弱性程度。据估计，海平面上升 0.5m，滨海湿地滩涂将损失 24% ～ 34%，如上升 1.0m 损失 44% ～ 56%，使低潮滩转化成潮下带。同时，海平面上升不仅使滨海湿地面积减少，而且滨海湿地受海水地下入侵而加剧其盐碱化。目前海岸侵蚀的各种因素中海平面上升的影响比重较小，但海平面上升的影响具有长期性、潜在性和累积性。

2. 陆源排污

河流入海排污是海洋的主要污染源，其排污量占全部排污量的 70%。根据近岸海域主要海洋功能区类型的水质要求，入海河口水质应是不劣于地表水环境标准的二类水质，但目前我国滨海湿地大多劣于二类水质，主要超标指标为化学需氧量（COD）、氨氮、六价铬、活性磷酸盐。海水的轻度污染会改变水中的离子浓度和比例，从而改变浮游植物的优势品种和比例，以影响食物链的方式影响整个生态系统，严重的会诱发赤潮。污染严重时会直接引起海洋生物大量死亡，甚至造成无生物区域（如有些工业开发区的排污口附近）。海水中的有机物等已经造成不少滩面的泥沙板结严重，贝类下潜和呼吸比较困难。

3. 人类活动干扰

20 世纪 80 年代以来，我国滨海湿地大面积围填海一直在持续，平均每年接近 20 000hm^2，围填海既占用了大量的滩涂湿地，又在某种程度上阻碍了潮流的畅通，加速了滩面的淤积。海洋生物的生长场所和生殖场所不断地被侵占和破坏，影响了滩涂湿地的保护。滨海滩涂湿地集约化养殖还向海洋直排含有高浓度有机质的污水，污染了海洋环境。紫菜养殖后，滩面的贝类资源会大量减少，而且紫菜养殖由于每年要换场，每公顷往往占用 2 ～ 3hm^2 的滩涂，所以大规模的紫菜养殖占用滩面和破坏贝类资源也是相当严重的。

二、滨海湿地生态脆弱性评估方法

1. 评估数据与处理

评估数据主要包括能够完全覆盖评估区域的卫星遥感影像、滨海湿地区域 1 ∶ 50 000 地形数据，以及地面调查数据。

参考《海岛海岸带卫星遥感调查技术规程》和《全国湿地资源综合调查技术规程》中的湿地分类系统，建立适合滨海湿地特点的滨海湿地卫星遥感监测分类体系。将滨海湿地类型划分为芦苇沼泽、稻田、河流湿地、米草滩涂湿地、浅海水域、养殖池塘、草滩、建设地、林灌丛、盐田等 10 个类型，建立湿地类型分类解译标志。在 ArcGIS 支持下，依据解译标志，遵循从已知到未知、从易到难、从整体到局部的原则，对预处理好的卫星遥感影像进行人机交互式判读解译，勾绘出各类湿地的分布斑块，修改完善成滨海湿地空间分布矢量数据。

2. 评估方法

根据滨海湿地生态脆弱源分析结果，以海平面上升、陆源污染和人类活动干扰作为滨海湿地生态脆弱的 3 个主要生态压力源。滨海湿地地势平坦、海拔低，海平面上升会直接导致海水入侵，淹没各类湿地生态功能区，改变滨海湿地生态格局。对于海平面上升产生的生态脆弱性评估，采用情景假设法，将滨海湿地空间分布矢量数据与数字高程模型叠加，模拟研究海平面上升 1.0m、2.0m、3.0m、4.0m 和 5.0m 时的滨海湿地空间格局情景，分别将海平面上升 1.0m、2.0m、3.0m、4.0m 和 5.0m 时的滨海湿地空间格局淹没区域划分为 1 级脆弱区、2 级脆弱区、3 级脆弱区、4 级脆弱区和 5 级脆弱区。

对于陆源污染的生态脆弱性评估，根据排污河流宽度，建设河流宽度的 1 倍缓冲区为 1 级脆弱区，河流宽度的 2 倍缓冲区为 2 级脆弱区。对于排污口（河口）区域，根据污染物入海后随潮汐、波浪的扩散过程，以污染物入海排污口（河口）断面宽度为基准，建立 50 倍半径、100 倍半径、200 倍半径、400 倍半径的缓冲区，分别定义为 1 级脆弱区（50 倍半径缓冲区范围）、2 级脆弱区（100 倍半径缓冲线与 50 倍半径缓冲线之间区域）、3 级脆弱区（200 倍半径缓冲线与 100 倍半径缓冲线之间区域）、4 级脆弱区（400 倍半径缓冲线与 200 倍半径缓冲线之间区域）、5 级脆弱区（400 倍半径缓冲线以外区域）。

人类活动主要包括人类围海养殖、盐田与城镇建设、工厂、道路建设等活动对滨海湿地的破坏和干扰等。对于人类活动干扰的脆弱性评估，将滨海湿地类型根据受人类活动干扰的强弱划分为 5 个脆弱性等级，城镇、道路等建设用地为 1 级脆弱区，养殖池塘、盐田为 2 级脆弱区，农田为 3 级脆弱区，芦苇沼泽为 4 级脆弱区，米草滩涂湿地、浅海水域、草滩、林灌丛为 5 级脆弱区。沿建设地外缘线做不同宽度的缓冲区，100.0m 缓冲区以内为 2 级脆弱区、200.0m 缓冲区以内为 3 级脆弱区，300.0m 缓冲区以内为 4 级脆弱区、400.0m 缓冲区以外为 5 级脆弱区。沿养殖池塘和盐田外缘做缓冲区，100.0m 缓冲区以内为 3 级脆弱区，100.0 ～ 200.0m 之间为 4 级脆弱区、200.0 缓冲区以外为 5 级脆弱区。

生态脆弱度指数反映了各种湿地类型的脆弱度特征。本节的海平面上升生态脆弱性指标、陆源污染生态脆弱性指标、人类活动干扰脆弱性指标都是建立在面状空间数据基础上的。因此，生态脆弱性指数能从空间上反映区域生态环境脆弱性的特征。

参考相关生态脆弱性评估模型，开发滨海湿地生态脆弱性评估模型如下：

$$\mathrm{Vul}_t = \frac{\sum_{i=1}^{n} a_i \mathrm{Vul}_i}{n} \tag{6-11}$$

式中，Vul_t 为综合生态脆弱性评估指数；Vul_i 为第 i 个评估指标的脆弱性等级；a_i 为第 i 个指标的权重值；n 为评估指标个数。海平面上升的权重值为 0.2、人类活动干扰的权重值为 0.3、陆源污染的权重值为 0.5。

在 GIS 软件支持下，将以上 3 类生态脆弱性评估指标转换成 GRID 格式，采用 AML 语言编写滨海湿地生态脆弱性评估模型程序，以栅格图层的形式运算编写程序，计算综合生态脆弱性评估指数。根据综合生态脆弱性指数的分布区间进行聚类分析，将评估区生态脆弱性程度划分为Ⅰ级、Ⅱ级、Ⅲ级、Ⅳ级、Ⅴ级、Ⅵ级和Ⅷ级，共 7 个脆弱性等级。在 7 个生态脆弱性等级中，级别越高，生态脆弱性程度越大，反之越小。

三、苏北滨海湿地生态脆弱性遥感监测与评估实证研究

1. 苏北滨海湿地景观格局分析

图 6-2 为苏北滨海景观格局分布图。根据苏北滨海湿地景观格局调查结果（表 6-4），可以看出苏北滨海湿地景观总面积为 1 700 546.48hm^2，总空间斑块数量为 155 个。主要景观类型为养殖池塘、建设地、河流、浅海水域、盐田、水稻田、芦苇湿地、草滩和米草滩涂，其中浅海水域、水稻田、米草滩涂是滨海湿地景观的主要类型，其面积占区域总面积的 93.44%。而建设地、盐田、芦苇湿地、草滩、养殖区面积都比较小，占总面积的比例都在 5% 以下。在空间分布斑块数量上，浅海水域面积最大，斑块数量最少，景观完整程度最好；米草滩涂的斑块数量最大，达到 54 个，呈辐射状镶嵌于浅海水域中，空间破碎化程度比较高。此外，养殖池塘和建设地斑块数量分别为 27 个、25 个，它们都分散分布于海岸潮上带、潮间带，破碎化程度也很高。草滩呈带状分布于潮间带上部，斑块数量达到 14 个。

表 6-4 苏北滨海湿地景观格局

类型	斑块数	面积 /hm^2	所占比例 /%	类型	斑块数	面积 /hm^2	所占比例 /%
养殖池塘	27	57 489.27	3.38	建设地	25	3 692.27	0.22
河流	11	3 765.61	0.22	浅海水域	1	832 821.40	48.97
盐田	3	6 126.79	0.36	水稻田	17	535 845.95	31.51
芦苇湿地	3	5 130.36	0.30	草滩	14	35 237.19	2.08
米草滩涂	54	220 437.64	12.96	总计	155	1 700 546.48	

2. 苏北滨海湿地生态脆弱性等级分布

图 6-3 为苏北滨海湿地生态脆弱性评估空间趋势图，从图上可以看出生态脆弱性等级最高的Ⅰ级、Ⅱ级和Ⅲ级区域主要分布在海岸潮间带陆源排污口区域。这些区域一方面受陆源排污入海影响，污染物在潮汐动力作用下在排污口扩散，距离排污口越近污染胁迫越大，随着距离扩展，污染物浓度被稀释，污染胁迫逐渐减小；另一方面潮间带高潮区域是对海平面上升的最敏感区域，海平面的亚米

级上升也会彻底改变潮间带高潮区域的生态空间格局，严重胁迫潮间带生态系统的稳定性，具有较高的生态脆弱性。另外潮间带高潮区域是水产养殖的聚集区，人类活动干扰的生态胁迫也比较大。Ⅳ级生态脆弱性区域主要分布在海岸排污口2.0km影响范围以外的潮间带高潮区域及养殖池塘、盐田等海岸人类开发区，这些区域受到的生态脆弱性胁迫包括海平面上升的生境改变胁迫影响、养殖池塘、盐田等人类活动的生境改变和干扰破坏胁迫，以及陆源排污扩散的污染生态胁迫。Ⅴ级生态脆弱性区域主要分布在海岸带2.0m地形等高线以下的潮上带区域、辐射状米草滩涂区域及少数建筑地区域，该区域主要受到海平面上升的生境改变胁迫影响和人类活动产生的生态破坏与干扰生态胁迫。Ⅵ级脆弱性区域主要分布在海岸潮上带2m地形等高线以上的区域和距离海岸线3.0km以内的浅海区域，这些区域主要受到人类活动的破坏和干扰生态胁迫，以及陆源排污扩散污染的生态胁迫；Ⅷ级生态脆弱性区域主要分布于海岸线3.0km以外的浅海水域，这些区域受人类活动、陆源排污和海平面上升的生态胁迫都比较小，生态系统相对比较稳定，生态脆弱性等级最低。

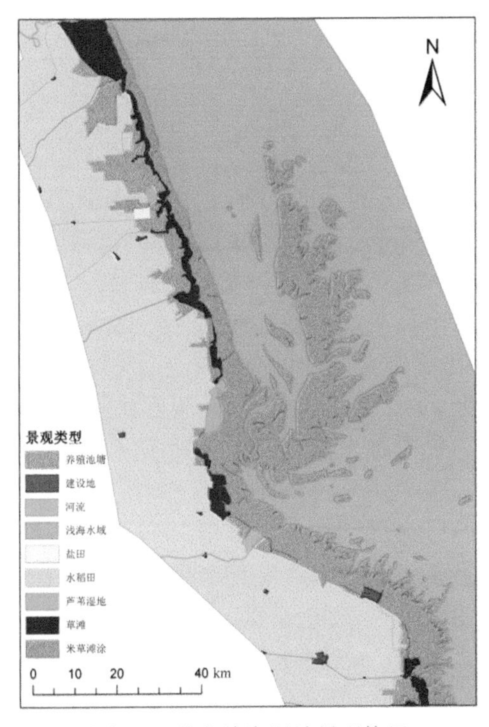

图 6-2　苏北滨海湿地景观格局

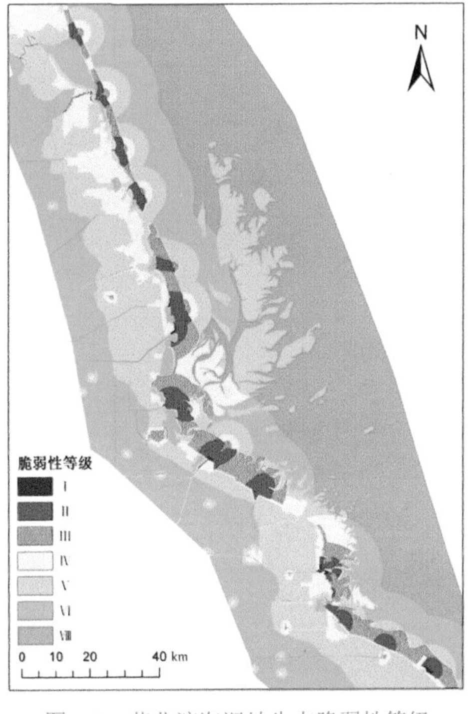

图 6-3　苏北滨海湿地生态脆弱性等级

3. 苏北滨海湿地生态脆弱性等级面积特征

按照苏北滨海湿地生态脆弱性等级评估结果（表 6-5），生态脆弱性程度最高的Ⅰ等级，面积为1955.628hm²，仅占评估区域总面积的0.115%。生态脆弱性程度次高和第三的Ⅱ等级、Ⅲ等级面积分别为41 544.351hm²和68 634.056hm²，占评估区域总面积的比例依次为2.443%、4.036%。生态脆弱性程度较低的Ⅴ等级、Ⅵ等级和Ⅶ等级面积都在300 000.00hm²以上，分别占评估区域总面积的23.176%、29.246%和33.683%。在总体面积分布上，随着生态脆弱性等级的不断增大，各个生态脆弱性等级的分布面积逐步递增。

表6-5　苏北滨海湿地不同生态脆弱性等级的面积分布

生态脆弱性等级	面积 /hm²	比例 /%
Ⅰ	1 955.628	0.115
Ⅱ	41 544.351	2.443
Ⅲ	68 634.056	4.036
Ⅳ	124 156.899	7.301
Ⅴ	394 118.652	23.176
Ⅵ	497 341.824	29.246
Ⅶ	572 795.071	33.683
总计	1 700 546.481	100.00

4. 苏北滨海湿地生态脆弱性等级空间形态

在苏北滨海湿地生态脆弱性等级空间形态分布上，Ⅰ等级分布面积比较小，斑块数量仅有15个，平均斑块面积为130.375hm²，主要分布于陆源排污口附近，斑块形状相对简单。由于受到陆源排污、人类活动干扰，以及海平面上升3种因素的综合胁迫，Ⅱ等级斑块数量达到131个，平均斑块面积为317.133hm²，斑块形状变化比较大，空间分布比较分散。Ⅲ等级主要分布于Ⅱ等级的外缘，斑块数量最多，达到139个，平均斑块面积为493.770hm²，空间集聚度比较高，主要分布于潮间带高潮区域。Ⅳ等级主要分布在海岸带养殖区、盐田区域，以及部分潮间带滩涂和城乡居民点、工业区，斑块数量为87个，平均斑块面积为1427.091hm²，空间分布比较分散。Ⅴ等级斑块数量为117个，平均斑块面积达到3368.535hm²，空间分布相对连通。Ⅵ等级空间形状相对完整，平均斑块面积达到7004.814 hm²，空间分布相对集中。Ⅶ等级主要分布于潮间带下部及外缘浅海，为一个整体斑块，斑块面积达到572 795.071hm²，斑块形状相对简单，斑块形状指数小。

四、小结

滨海湿地生态脆弱性评估是滨海湿地监测与评估研究的一个新的领域，目前对滨海湿地生态脆弱性评估多是在现场点调查的基础上开展评估的，而基于空间

趋势性的面状生态脆弱性评估开展得较少。本节根据滨海湿地生态系统脆弱性的特点，设计了滨海湿地生态脆弱性遥感监测与评估指标体系和评估模型，并将遥感数据、基础地理信息数据及环境监测统计数据相结合，在 GIS 技术支持下，实现了 3 类主要生态胁迫因素的空间栅格化，并以生态脆弱性评估模型为基础，完成了苏北滨海湿地区域生态脆弱性的空间趋势性定量评估，评估结果便于滨海湿地生态治理与环境保护的空间差异性管理，具有较强的操作性和可观性。

第三节　滨海湿地植被生物量与植被固碳遥感监测与评估

所谓固碳（carbon fixation），也叫碳封存，指的是以捕获碳并安全封存的方式来取代直接向大气中排放 CO_2 的过程。人们可以通过提高能源生产和使用效率减少碳排放源，同时可以通过提取大气中的 CO_2 封存于海洋或深层地质结构中或增加地表植被吸纳 CO_2 的数量来增大碳汇等手段来达到减缓大气 CO_2 浓度增长的目标。根据碳固定的方式，可以将碳固定分为人工固碳减排与自然植被固碳增汇两类，其中植被的固碳功能是自然的碳封存过程，比起人工固碳不需要提纯 CO_2，植被固碳可节省分离、捕获、压缩 CO_2 气体的成本。因此，植被固碳成为近年来国内外碳汇研究的热点，但这方面的研究过去多集中在森林、草原和农业生态系统上。湿地具有很高的初级生产力，湿地植物可通过光合作用固定大气中的 CO_2，具有很强的储碳、固碳能力，但国内外针对具体的河口湿地植被固碳研究实例的报道不多。本节以辽河三角洲湿地为例，通过卫星遥感监测与地面调查相结合的手段，研究辽河三角洲湿地植被的碳储存、固碳能力，为研究河口湿地固碳能力评估、湿地生态系统服务功能保护提供依据。

一、滨海湿地空间格局遥感监测数据与方法

为了滨海湿地空间格局，收集了 2007 年 CBERS 卫星遥感影像 2 景，影像采集时间都在 5 ～ 11 月，能够完全覆盖监测评估区，满足评估的需要。本节在参考辽河三角洲湿地相关研究文献中所应用的分类方法的基础上，结合 CBERS 遥感影像的特殊性，建立了适合本区域的湿地类型分类体系。将滨海湿地划分为芦苇湿地、稻田、河流、碱蓬滩涂、河口水域、水库、养殖池塘、草地、旱地、城乡建设地 10 个类型。

采用改进的监督分类法，即混合分类法对遥感影像进行了分类，具体的分类策略为：首先对遥感影像进行非监督分类；其次在非监督分类的基础上进行类型识别和人工解译，然后采用监督分类的最大似然比分类法对影像进行再分类；最后对分类结果进行人机交互目视检查，纠正划分错误的湿地斑块。对于水体类

别，利用 GIS 工具依据天然水域与水库、坑塘等在空间上的特征进行区分。通过以上解译得到滨海湿地空间格局数据。

二、滨海湿地植被生物量调查与测定方法

2008 年 10 月，在辽河三角洲湿地典型区域沿水位梯度设置调查样带 4 条，分别对湿地主要高等植物群落——芦苇群落和翅碱蓬群落生物量进行采样，其中芦苇调查样带 2 条，翅碱蓬调查样带 2 条。采用 1m ×1m 的调查样方，在每条调查样带随机选取 10 个调查样方。芦苇群落采取齐地割取，收集地上凋落物，记录每个样方的植株高度、植株个数，测定湿生物量，标号带回实验室烘干称重。翅碱蓬群落采取连根拔取，冲洗晾干测定湿生物量，记录每个样方的植株个数、植株高度，标号带回实验室烘干称重。

三、滨海湿地植被固碳评估方法

由于滨海湿地植被多为一年生草本植被，10 月以后植被开始枯黄，基本停止生长，其现存生物量及凋落物总和为全年植被生长的累积量，与植被净初级生产力基本等同。因此，各类植被净初级生产力按以下方式估算。芦苇群落生产力为地上部分生物量与地下部分生物量及凋落物之和。本节在调查测定芦苇群落地上生物量的基础上，参考有关文献对本地区芦苇群落地上、地下生物量分配比例进行研究，计算单位面积的芦苇群落生产力。翅碱蓬群落由于采集时为连根植株，其净生产力采取单位面积烘干生物量直接估算。稻田生产力估算参考本区域的相关研究成果。水体生产力采用我国水域平均生产力，草地生产力采用我国北方草地初级生产力的平均值。

植物生物量碳换算的公式如下：

$$C_i = pA_iQ_i \tag{6-12}$$

式中，C_i 为第 i 类湿地植被固定的 CO_2 数量；A_i 为第 i 类湿地植被的分布面积；Q_i 为第 i 类湿地植被的平均生物量或平均净初级生产力；p 为碳转换系数。以辽河三角洲湿地有机质生产为基础，根据光合作用反应方程式，推算出每形成 1.0g 干物质碳需同化 1.62g 的 CO_2，即碳转换系数为 1.62。

四、辽河三角洲滨海湿地固碳能力监测与评估实证研究

1. 辽河三角洲湿地组成

2007 年的卫星遥感调查结果显示（表 6-6），辽河三角洲所在的盘锦地区及河

口浅海总面积约为 $4.31\times10^5hm^2$，其中湿地面积占总面积的 89.76%。在湿地类型组成中，稻田、河口水域和芦苇湿地的面积较大，分别占区域总面积的 32.47%、24.27% 和 19.51%，是辽河三角洲湿地的主要组成类型。其次还有碱蓬滩涂、河流、养殖池塘和水库，它们的面积分别占区域总面积的 6.40%、2.54%、3.50% 和 1.06%。草地、旱地和城镇建设等非湿地类型约占区域总面积的 10.24%。这种组成结构反映出辽河三角洲湿地具有以稻田、河口水域和芦苇湿地为代表的北方河口湿地特征。

表 6-6 辽河三角洲湿地类型组成

编码	湿地类型	面积 /hm^2	比例 /%
1	芦苇湿地	84 165.32	19.51
2	稻田	140 082.18	32.47
3	碱蓬滩涂	27 622.72	6.40
4	河流	10 972.84	2.54
5	水库	4 586.21	1.07
6	养殖池塘	15 100.48	3.50
7	河口水域	104 700.49	24.27
8	草地	223.93	0.05
9	旱地	21 853.22	5.07
10	城乡建设地	22 107.32	5.12
11	总计	431 414.70	100.00

2. 辽河三角洲湿地植被生物量与植被碳储量

辽河三角洲湿地位于中国北方暖温带的河口区域，气候温和湿润，四季分明，日照充足，为湿地生物生长提供了优越的气候条件。此外，由于滩地土壤肥沃，水源供给充足，极其适宜湿地植物生长，加上该区域受人为干扰相对较小，故其生物量较高。由表 6-7 可以看出，辽河三角洲湿地植被生物量以芦苇湿地与稻田的生物量为主。芦苇湿地的生物量密度最高，为 $26.0t/hm^2$，总生物量约为 2.19×10^6t，其次为稻田，生物量密度为 $12.6t/hm^2$，总生物量约为 1.77×10^6t。旱地生物量密度为 $11.8t/hm^2$，但由于其总面积比较小，其总生物量仅约为 2.58×10^5t。其他湿地类型，由于生物量密度小，总生物量也较小。

从各类湿地类型的碳储量来看，芦苇湿地碳储量最大，达到 3.50×10^6t（以 C 计），占区域总碳储量的 45.91%，其次为稻田，碳储量为 2.82×10^6t（以 C 计），占区域总碳储量的 37.03%。河口海域虽然面积比较大，但其单位面积生产力仅为 2.19t/hm^2，所以其碳储量也仅占区域碳储量的 4.81%。碱蓬及滩涂碳储量为 3.54×10^4t（以 C 计），占总储量的 4.64%，旱地占 5.41%。其他湿地类型，由于面积小，单位面积生物量低，其碳储存量较小。

表 6-7 辽河三角洲湿地生物量与碳储量

编码	湿地类型	生物量密度 /（t/hm^2）	总生物量 /t	碳储量 /t	碳储量百分比 /%
1	芦苇湿地	26.0	2 188 298.32	3 501 277.31	45.91
2	稻田	12.6	1 765 035.47	2 824 056.75	37.03
3	碱蓬滩涂	8.0	220 981.76	353 570.82	4.64
4	河流	2.19	24 037.09	38 459.34	0.50
5	水库	1.47	6 723.38	10 757.41	0.14
6	养殖池塘	1.47	22 137.30	35 419.68	0.46
7	河口水域	2.19	229 294.07	366 870.51	4.81
8	草地	3.52	1 343.58	2 149.73	0.04
9	旱地	11.8	257 868.00	412 588.80	5.41
10	城乡建设地	2.29	50 581.55	80 930.48	1.06
11	总计		4 766 300.52	7 626 080.83	100.00

3. 辽河三角洲湿地植被固碳功能

辽河三角洲湿地植物大多属于草本植被，其生物量在每年达到最大值后，干枯被收割，第二年重新萌发生长，故其生物量基本等同于其初级生产力。由初级生产力通过碳换算成植被固碳能力。从辽河三角洲湿地植被固碳功能空间分布图上看出（图 6-4），辽河三角洲湿地植被固碳能力，以芦苇湿地最大，为 42.12t/（m$^2\cdot$a），其次为稻田，达到 20.41t/（m$^2\cdot$a），碱蓬滩涂与旱地的固碳能力依次为 12.96t/（m$^2\cdot$a）、19.12t/（m$^2\cdot$a），其他类型的固碳能力都相对比较小。综合辽河三角洲各类湿地植被的固碳能力，平均值达到 17.68t/（m$^2\cdot$a），每年可吸收固定大气 CO_2 7.63×10^6tg（以 C 计），其中芦苇湿地占 46.46%，稻田占 37.47%，碱蓬滩涂与旱地分别占 5.48% 和 4.68%。

4. 辽河三角洲滨海湿地植被固碳能力与其他类型生态系统比较

我国陆地植被固碳能力平均为 0.49kg/（m$^2\cdot$a），全球植被固碳能力平均为 0.41kg/（m$^2\cdot$a）（表 6-8）。据此测算辽河三角洲湿地的固碳能力是全国陆地植被平均固碳能力的 3.59 倍，是全球植被平均固碳能力的 4.31 倍。与我国不同生态系统的固碳能力相比，由于辽河三角洲湿地中的芦苇群落郁闭度很高，平均植被覆盖度在 80% 以上，净初级生产力较高，其固碳能力比湖泊、城市、河流等生态系统的平均固碳能力强 5 ～ 10 倍。与相同植被覆盖度条件下的温带落叶阔叶林比较，辽河三角洲湿地植被每年总固碳能力相当于同等面积温带落叶阔叶林 719 441.59hm^2 的天然固碳能力。

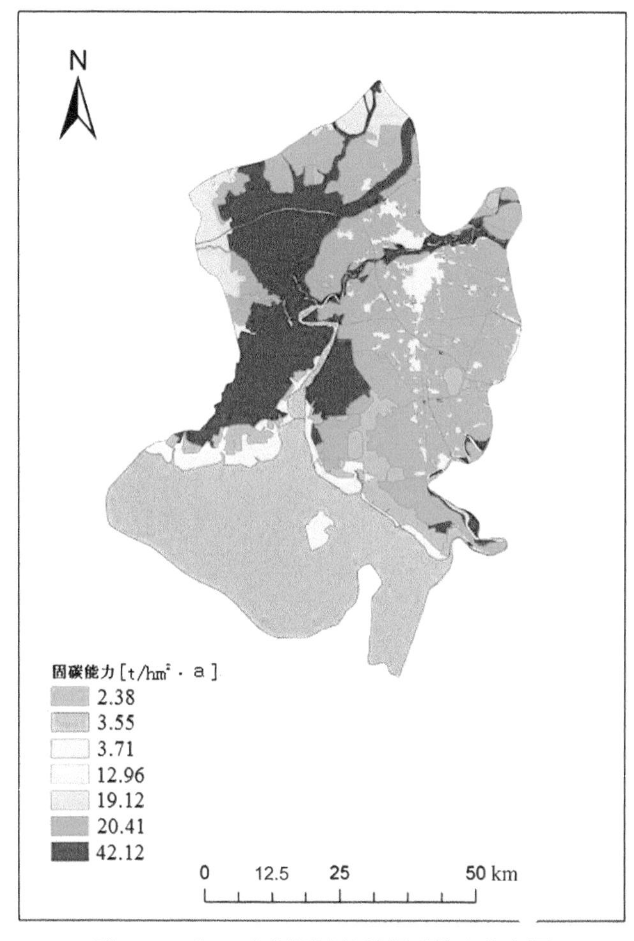

图 6-4 辽河三角洲湿地植被固碳能力分布图

表 6-8 地表不同生态系统的固碳能力

编号	生态系统类型	平均植被覆盖度 /%	固碳能力 /[kg/（m^2·a）]
1	落叶针叶林	41.8	1.08
2	常绿针叶林	55.5	1.07
3	常绿阔叶林	64.2	1.63
4	落叶阔叶林	48.1	1.06
5	灌丛	45.2	0.75

续表

编号	生态系统类型	平均植被覆盖度 /%	固碳能力 /[kg/（m^2·a）]
6	滨海湿地	30.2	0.37
7	城市	30.1	0.23
8	河流	32.8	0.22
9	湖泊	19.4	0.15
10	沼泽湿地	39.2	0.61
11	耕地	40.5	0.48

五、小结

滨海湿地植物丰茂，生产力极高，是全球植被固碳的重要组成部分，引起了相关学者的极大关注。本节采用卫星遥感技术和地面调查相结合，在主要植被类型生物量实测和植被类型空间分布卫星遥感监测的基础上，初步构建了滨海湿地植被固碳的监测与评估方法，虽然本方法不能完全揭示滨海湿地植物固碳生理过程和固碳总量，但对滨海湿地高等植物现存生物量的监测与固碳能力评估具有一定的技术参考。

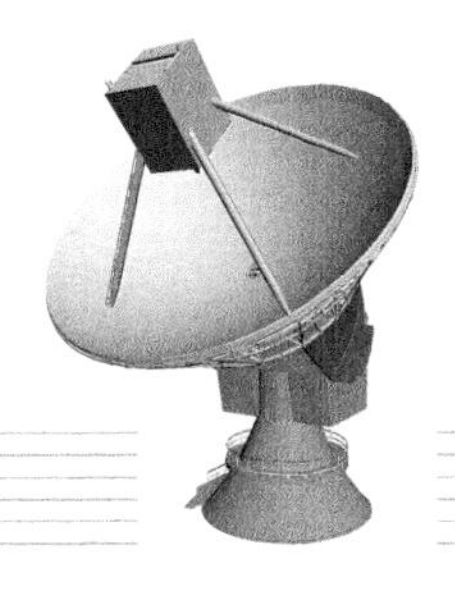

第七章

海岛遥感监测与评估

第一节　群岛空间格局遥感监测与评估

1967 年美国科学家 Mandelbrot 在 *Science* 发表的 *How long is the British coastline* ? 的研究论文，开创了空间分形学，分形理论研究从此获得了长足的进展。分形理论为岛礁空间形态的研究建立了新的数学语言和定量描述方法。关于岛礁空间形态特征的研究开始比较早，国外在这些方面已经做了大量的工作，随着研究尺度和研究领域的不断加大，传统的文字、数据、地图的方法已经不能满足当前学科发展的需要。计算机技术的快速发展，使得空间分形计算越来越方便，尤其是遥感技术（RS）和地理信息系统（GIS）技术的相互结合，一方面大大加强了岛礁空间数据的采集能力，另一方面也提高了对这些数据的处理能力。这些都极大地改变了人们的思维方式和工作手段，从而产生了许多新的岛礁空间量化参数和计算方法。本节在利用遥感技术和地理信息系统技术相结合对长山群岛岛礁资源进行详细调查的基础上，构建了用于描述岛礁空间格局的一套量化指数，用于定量描述海岛空间格局特征，为海岛及群岛的综合开发和治理提供科学依据和定量指标。

一、海岛空间格局卫星遥感监测方法

1. 监测数据

采用 Spot-5 卫星遥感影像为海岛基本空间信息采集数据，Spot-5 卫星遥感影像包含多光谱影像（分辨率为 10m）和全色影像（分辨率为 2.5m），影像整体质量较好。其他辅助数据有 1 ∶ 50 000 的地形图、辽宁省海岛目录等。

2. 岛礁信息提取

Spot-5 卫星遥感影像融合后的空间分辨率达到 2.5m，能够识别较小的岛礁。利用影像上岛礁的形状、尺寸、色彩及结构等特征与现场调查相对应，分成不同的岛礁类型，建立解译标志。利用建立的解译标志，在 Arc GIS 的支持下，建立 Shape 文件，参考 1 ∶ 50 000 地形图，对影像上的岛礁进行人机交互海岸线提取，使每个岛礁的岸线闭合。将线状 Shape 文件转换成面状岛礁，参考岛礁名录，给每个岛礁添加名称，并计算其周长和面积。

二、岛礁空间特征评估指标

为了对岛礁的空间分布格局进行量化度量，本节借鉴景观生态学中的景观格局参数，构建了用于描述岛礁空间分布格局的岛礁格局参数，包括岛礁密度、岛礁紧凑度、最大岛礁指数、岛礁形状指数、平均岛礁分维数、岛礁聚集度指数、岛礁面积变异系数。各参数的计算方法如下。

（1）岛礁密度：岛礁密度指每平方千米（即 100hm^2）的岛礁数量。

$$\text{PD}=\frac{N}{A} \tag{7-1}$$

式中，PD 为岛礁密度；N 为岛礁数量；A 为岛礁所在海域面积。取值范围：PD ＞ 0。

（2）岛礁紧凑度：岛礁紧凑度是岛礁面积转换成同等面积圆的周长与该岛礁调查周长的比例。

$$\text{ED}=\frac{E}{2\sqrt{\pi S}} \tag{7-2}$$

式中，ED 为海岛紧凑度；E 为海岸线长度；S 为岛礁面积。取值范围：ED ⩾ 0。

（3）最大岛礁指数：最大岛礁指数是群岛中最大岛礁的面积除以所有岛礁总面积，再乘以 100（转换成百分比）。取值范围：0 ＜ LPI ⩽ 100。

$$\text{LPI}=\frac{\text{Max}(a_1,\ldots,\ a_n)}{A}\times 100\% \tag{7-3}$$

式中，LPI 为最大岛礁指数；A 为所有岛礁的总面积；a_i 为第 i 个岛礁的面积。

（4）岛礁形状指数：岛礁形状指数是群岛中岛礁海岸线总长度除以岛礁总面积的平方根，再乘以正方形校正常数。

$$\text{LSI}=\frac{0.25E}{\sqrt{A}} \tag{7-4}$$

式中，E 和 A 同公式（7-2）、公式（7-3），取值范围：LSI ⩾ 1，当岛礁是一个正方形状时，LSI=1；当岛礁形状不规则或偏离正方形时，LSI 值增大，其倒数为岛礁紧凑度指数。

（5）平均岛礁分维数：平均岛礁分维数是以分形几何为基础的，是用于描述

岛礁海岸线长度与其面积的关系的量化指标。计算公式如下：

$$\mathrm{MPFD}=\frac{\sum_{i=1}^{m}\sum_{j=1}^{n}\left[\frac{2\ln(0.25E_{ij})}{\ln(A_{ij})}\right]}{N} \tag{7-5}$$

由 2 乘以群岛中每一个岛礁的海岸线长度的对数，除以岛礁面积的对数，对所有岛礁加和，再除以岛礁总数目。0.25 为校正常数，取值范围：$1 \leqslant \mathrm{MPFD} \leqslant 2$。也就是说，MPFD 是群岛中各个岛礁的分维数相加后再取算术平均值。

（6）岛礁面积变异系数：岛礁面积变异系数是群岛中每一个岛礁占总岛礁面积的比例乘以其对数，然后求和，取负值。

$$\mathrm{SHDI}=-\sum_{i=1}^{m}[P_i\ln(P_i)] \tag{7-6}$$

式中，SHDI 是岛礁面积变异系数；P_i 是岛礁面积的比例。取值范围：$\mathrm{SHDI} \geqslant 0$。

（7）岛礁聚集度指数：岛礁聚集度指数是度量岛礁聚集程度的指标。以平均岛礁面积为参考，将群岛所在区域划分成平均岛礁面积大小的网格，计算网格中有岛礁的数目与总网格数目的比值。

$$\mathrm{AI}=\frac{N}{N_0} \tag{7-7}$$

式中，AI 为岛礁聚集度指数；N 为有岛礁存在的网格数；N_0 为总网格数。$0 \leqslant \mathrm{AI} \leqslant 1$，AI 越大，岛礁聚集程度越小。

三、长山群岛岛礁空间格局遥感监测与评估实证研究

1. 岛礁的空间分布

长山群岛共有岛礁（面积大于 $0.01\mathrm{hm}^2$）178 个，其空间分布见图 7-1。按照岛礁的空间分布，长山群岛岛礁可以分成 5 个岛群，分别为海洋岛群、獐子岛群、石城岛群、广鹿岛群和长山岛群。长山岛群分布在整个群岛的中心位置，其面积最大，岛礁数目最多，占总岛礁数目的 41.76%，主要岛礁有大长山岛、小长山岛、哈仙岛、巴蛸岛和塞里岛；其次为广鹿岛群，分布于群岛的西北部，有岛礁 35 个，是岛礁密度最大的岛群，其主要岛礁包括广鹿岛、瓜皮岛、平岛、格仙岛等。石城岛群分布于群岛的东北部，有大小岛礁 31 个，主要岛礁有石城岛、大

王家岛和寿龙岛。獐子岛群和海洋岛群分布于最南部，在面积和岛礁数目上所占比例都较小，主要有獐子岛、大小耗子岛、褡裢岛、海洋岛和乌蟒岛。可以发现无论是在岛礁数量上，还是岛礁面积及空间分布位置上，长山岛群都在整个群岛中占有重要位置，是整个群岛开发的交通枢纽和经济发展的龙头。

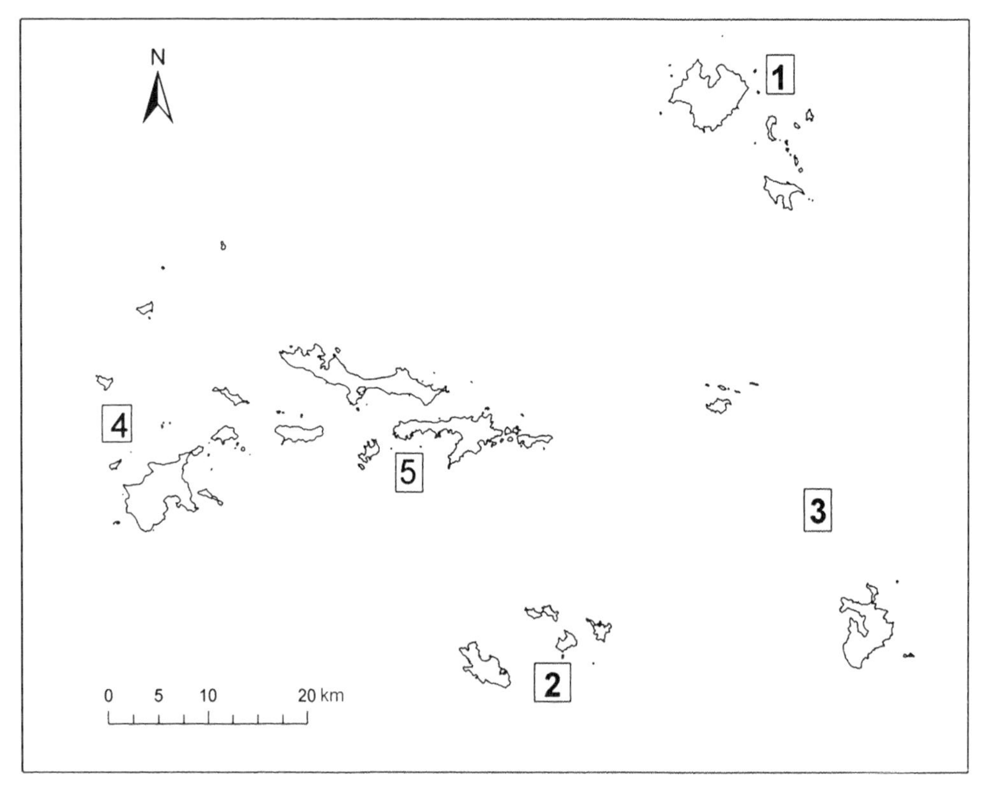

图 7-1 长山群岛空间分布图

1. 石城岛群；2. 獐子岛群；3. 海洋岛群；4. 广鹿岛群；5. 长山岛群

2. 岛礁的面积特征

岛礁面积大小是岛礁开发利用方向的一个重要因素。长山群岛岛礁总面积为 163.951km^2，按照国际上“人与生物圈”界定的原则，全部为面积小于 3000hm^2 的小岛。在整个群岛的所有岛礁中，以面积小于 1hm^2 的小岛数量最多，占总岛礁数量的 53.846%，其面积仅为总面积的 0.154%；面积大于 2500hm^2 的岛礁有 3 个，分别是石城岛、大长山岛和广鹿岛，3 个岛礁面积占总岛礁面积的 49.817%；面积在 500 ～ 2500hm^2 的岛礁有 5 个，占岛礁总个数的 2.747%，占岛礁总面积的 34.947%；面积在 100 ～ 500hm^2 的和面积在 1 ～ 100hm^2 的岛礁数量分别占总岛礁数量的 5.495% 和 36.264%（表 7-1）。

表 7-1 长山群岛岛礁面积统计表

岛礁面积分级 /hm^2	岛礁数量	数量百分比 /%	海岛面积 /hm^2	面积百分比 /%
＞2 500	3	1.648	8 167.60	49.817
1 500~2 500	2	1.099	3 746.60	22.852
500~1 500	3	1.648	1 983.00	12.095
100~500	10	5.495	1 763.00	10.753
10~100	18	9.890	552.40	3.369
1~10	48	26.374	157.30	0.959
＜1	98	53.846	25.20	0.155
合计	182	100	16 395.10	100

3. 岛礁的岸线特征

海岸线是海水与陆地的交界线，也是一种重要的生态边界线。根据卫星遥感调查结果，长山群岛海岸线总长度为 427.597km，其中面积大于 1km^2 的岛礁岸线总长度为 377.585km^2，占总海岸线长度的 88.304%。在所有岛礁中，以大长山岛的海岸线最长，达到 55.839km；其次为小长山岛，为 44.816km；而面积最大的石城岛，其海岸线总长度仅为 36.445km。可以看出，海岸线长度不仅与岛礁的面积有关，更重要的是与岛礁的空间形状密切相关。

海湾是海岸线空间走向的直接体现，也是一种重要的海洋资源，其对水产养殖、港口建设、旅游休闲等都具有很重要的意义。在长山群岛海域，朝向方位北向和西向的海湾风场、流场等动力环境相对好，适合多种海洋资源开发。对长山群岛直径大于 500m 的海湾朝向进行统计，共计有 92 处，其中北向和西向朝向的海湾分别有 36 处、32 处，而朝向东、南方向的海湾总共有 24 处。可以看出，长山群岛海湾水域资源广阔，开发潜力巨大。

4. 岛礁的形状特征

岛礁的外部形状可以用形状指数和紧凑度来度量。从表 7-2 中岛礁的形状指数和紧凑度的计算结果看出，形状指数较大的岛礁有大长山岛、小长山岛、褡裢岛、海洋岛和广鹿岛，其形状指数分别为 2.733、2.668、2.347、2.495 和 1.985，它们的紧凑度依次为 0.324、0.332、0.378、0.355 和 0.446。可以发现，长山岛群的主要岛礁的空间形状都相对复杂，紧凑性差，多以狭长形为主，故形状指数多大于 1.50，而紧凑度则多小于 0.60。紧凑度最大的葫芦岛，也只有 0.708，远小于圆形的紧凑度。岛礁的空间形状与岛礁的开发关系极为密切，圆形岛礁和树枝状岛礁的资源赋存有很大差别，其直接或间接影响到海岛旅游资源开发、水产养殖和交通运输、居民点布设等许多方面。

表 7-2 长山群岛主要岛礁形状指数

岛群名称	岛礁名称	面积 /km²	海岸线长度 /km	形状指数	紧凑度
石城岛群	石城岛	30.972	36.445	1.637	0.541
	大王家岛	5.495	16.588	1.769	0.501
	寿龙岛	1.157	7.801	1.813	0.489
獐子岛群	獐子岛	9.449	22.988	1.870	0.474
	大耗子岛	2.058	8.154	1.421	0.624
	小耗子岛	1.968	10.381	1.850	0.479
	褡裢岛	1.729	12.345	2.347	0.378
海洋岛群	海洋岛	19.516	44.089	2.495	0.355
	无名岛	0.746	5.081	1.471	0.602
	乌蟒岛	1.823	8.893	1.647	0.538
广鹿岛群	广鹿岛	26.840	41.128	1.985	0.446
	平岛	1.862	7.123	1.305	0.679
	红岛	0.969	5.313	1.349	0.657
	葫芦岛	0.444	3.334	1.251	0.708
	洪子东岛	0.671	5.570	1.700	0.521
	瓜皮岛	2.116	8.891	1.528	0.580
	格仙岛	1.535	8.634	1.742	0.509
长山岛群	大长山岛	26.093	55.839	2.733	0.324
	小长山岛	17.639	44.816	2.668	0.332
	哈仙岛	4.858	13.278	1.506	0.588
	塞里岛	1.521	8.711	1.766	0.502
	巴蛸岛	2.104	10.428	1.797	0.493

5. 群岛空间格局

岛礁密度和海岸线密度是度量一定海域内岛礁数量和面积大小的重要指标，从岛礁密度来看（表 7-3），长山岛群的岛礁密度最大，为 0.464，獐子岛群岛礁密度最小，为 0.092，说明长山岛群以面积较大的岛礁为主，面积较小的岛礁数量较少，而獐子岛群则相反，除去面积较大的獐子岛、大小耗子岛和褡裢岛外，其余多为面积很小的海礁。最大岛礁指数反映了群岛中最大岛礁对其他岛礁的优势度，在长山群岛 5 个岛群中，獐子岛群的最大岛礁指数最小，其次为海洋岛群，其他 3 个岛群的最大岛礁指数都较大，说明獐子岛群和海洋岛群中最大岛礁獐子岛和海洋岛在群岛中的面积优势不是很大，而长山岛群、广鹿岛群和石城岛群中的最大岛礁大长山岛、广鹿岛和石城岛面积都在 25km^2 以上，在各自岛群中占有面积上的优势。岛礁分维数反映了群岛中岛礁的平均空间复杂程度，可以看出 5 个岛群的平均分维数差别都不是很大，石城岛群和广鹿岛群的平均岛礁分维数相对小，都小于 1.120，而獐子岛群的平均分维数最大，为 1.163。说明獐子岛群的岛礁整体形状比较复杂，而广鹿岛群和石城岛群的岛礁整体形状相对简单。

表 7-3 长山岛群岛礁空间形状特征

群岛	岛礁密度	距离大陆距离/km	最大岛礁指数	岛礁聚集度	岛礁分维数	岛礁面积变异系数
石城岛群	0.189	15.344	16.702	0.510	1.119	4.333
獐子岛群	0.092	52.882	5.831	0.327	1.163	2.325
海洋岛群	0.153	62.438	11.469	0.132	1.120	4.282
广鹿岛群	0.214	16.096	16.829	0.215	1.112	4.701
长山岛群	0.464	29.165	16.280	0.278	1.126	5.124

岛礁聚集度反映了群岛中岛礁在空间上分布的分散程度，它是度量群岛中一般岛礁与核心岛之间联系紧密程度的一种度量方法。在长山群岛中，以石城岛群的聚集度最大，其次为獐子岛群，分别为 0.510 和 0.327；长山岛群和广鹿岛群由于岛礁形状松散，岛礁数目众多，且比较分散，故其聚集度较小；海洋岛群由距离比较远的海洋岛群和乌蟒岛群组成，明显比较分散，故其聚集度最小（0.132）。也就是说，在石城岛群和獐子岛群中，一般岛礁距离它们的核心岛的距离都比较近，人员、物质、信息等交流都比较方便，便于开发利用；而海洋岛群中，乌蟒岛距其核心岛空间距离较远，相互间交流较困难，不便于开发利用。

为了反映群岛中岛礁之间面积的差别，本节采用岛礁面积变异系数来度量这种差异。可以看出，5 个岛群中，以长山岛群的岛礁面积变异系数最大，达到 5.124，獐子岛群的面积变异系数最小，为 2.325。这是因为在长山岛群中，一方面岛礁数目最多，另一方面存在着 2 个面积较大的大长山岛和小长山岛，面积都在 1800hm^2 以上，而獐子岛群中岛礁数目少，且面积都相对较小，差异不是很大。

大陆是海岛资源开发的重要依托，距离大陆的远近也是海岛空间分布的一个主要特征。采用地理信息系统空间分析方法对长山群岛各岛群距离大陆的直线长度进行分析，以石城岛群距离大陆海岸线距离最近，平均为 15.344km；其次为广鹿岛群和长山岛群，分别为 16.096km 和 29.165km；獐子岛群距离大陆 52.882km，海洋岛群最远，平均距离为 62.438km。

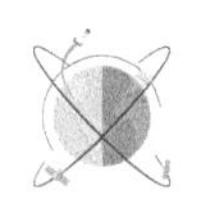

四、小结

群岛的空间分布格局是确定群岛开发利用方向的重要依据。本节利用卫星遥感技术和地理信息系统技术相结合的方法，借鉴景观生态学中的景观格局指数，建立了一套用于描述岛礁空间分布形态与整体空间格局的指标，包括岛礁密度、岛礁紧凑度、最大岛礁指数、岛礁形状指数、岛礁分维数、岛礁聚集度指数、岛礁面积变异系数。长山群岛岛礁空间分布格局监测评估结果表明：高精度卫星遥感技术结合地理信息系统技术可以较准确地对远离大陆的岛礁和群岛的空间特征进行详细调查与分析，是海岛调查评估的有用工具。岛礁空间格局指标可以对岛礁的空间分布特征进行详细的量化描述，反映岛礁空间格局的实际特征，是岛礁空间特征调查、开发利用与保护的重要指标。

第二节　海岛植被景观格局遥感监测与评估

海岛是地表陆地的重要组成部分，在全球性资源开发力度空前强大的今天，由于其远离大陆，受人类活动的干扰相对较小，成为许多生物生存的最后庇护所。我国有6000多个海岛，散布于全国四大海区。这些海岛长期以来由于开发力度不大，植被保护比较好，蕴藏着丰富的生物资源。近年来，随着我国沿海经济的快速发展，近岸海岛已成为发展海洋特色经济的首选之地，海岛植被随之受到了前所未有的干扰与破坏，其蕴藏的生物多样性资源也面临着日益增大的压力。如何评估人类活动对海岛植被的干扰和破坏程度，是我国当前海岛保护面临的主要挑战。本节在卫星遥感影像和GIS技术的支持下，根据海岛植被类型及其分布特征，构建了海岛植被景观格局图，并创建了海岛原生植被作为参考，评估海岛植被退化的空间态势，为我国海岛植被保护与生态修复提供理论与技术依据。为了便于本节讨论，现将有关植被的名词作如下界定。

（1）自然植被（natural vegetation）：泛指在没有人类干预条件下所发育的植被。自然植被可以出现在今天，也可以出现在过去的任何时间；可以与当前气候条件处于平衡状态，也可以处于非平衡状态。

（2）当前植被（current vegetation）：指目前所观察到的实际植被组成和分布状况。由于人类干预和持续影响，目前许多地区的当前植被已明显脱离了当前气候条件下的顶级状态，多已处于各种演替阶段的次生状态。在人类干预微弱的地区，如果植被和气候条件又处于平衡状态，则当前植被与原生植被基本等同。

（3）原生植被（original vegetation）：指在人类显著干预之前的自然植被。原生植被是自然植被的一个特例，它出现于没有人类干预的地区。原生植被与当时的气候条件可以处于平衡状态，也可以处于非平衡状态。由于不同地区人类活动显著干预植被的时间有早有晚，各地原生植被可以出现在全新世的不同时刻。

以原生植被为参照标准，对海岛植被退化状况进行评价，可以系统地展示海岛植被退化的时空态势，客观地揭示人类活动对海岛植被变化的影响方向和程度，确定不同区域海岛植被恢复的目标、生态环境保护的方向及开发利用的条件，为海岛资源开发与保护工作提供有力依据。

一、海岛植被景观格局遥感监测数据与方法

1. 卫星遥感监测数据

采用 Spot-5 卫星遥感影像为当前植被覆盖格局监测的数据源，采用 Landsat MSS 卫星遥感影像数据和 1 ∶ 50 000 地形图作为原生植被构建的主要依据。其他辅助资料还有海岛目录、海岸带和海涂资源综合调查报告等。

2. 海岛植被类型卫星遥感监测方法

海岛植被分类以《海岛海岸带卫星遥感调查技术规程》中的植被分类体系为标准，将评估区植被类型划分为落叶阔叶林、针阔叶疏林、落叶灌丛、草甸、农作物等五大类型，对非植被区，根据地表覆盖特征，将其划分为城乡建设地、道路、裸露地、光滩、坑塘五大类型，海岛植被分类系统见表 7-4。将卫星遥感影像上各类植被类型的形状、色彩及结构等特征与现场调查相对应，分成不同的植被类型，建立解译标志。利用建立的解译标志，在 ArcGIS 的支持下，建立 Shape 文件，对每个植被的分布斑块进行形状勾绘和类型判定，修改完善形成海岛当前植被空间数据。采用 GPS 定位实地勘测方法对主要岛屿的植被类型进行踏勘验证。

表 7-4 海岛植被分类系统编码及描述

植被类型	编码	描述
落叶阔叶林	1	主要植被类型为落叶阔叶林，覆盖度大于 60%，树高大于 5m
针阔叶疏林	2	主要植被类型为稀疏的针阔叶混交林，冠层大于 40%，树高低于 5m
落叶灌丛	3	主要植被类型为落叶灌丛，覆盖度大于 10%，小于 40%，高度低于 2m
农作物	4	以农业用地为主，农业用地比例大于 80%
草甸	5	主要植被类型为草丛，灌木覆盖度小于 10%，草本覆盖度大于 50%
建设地	6	无植被覆盖，主要用途为城乡工、农、商业建设用途
裸露地	7	无植被覆盖，为没有使用的裸露地块
光滩	8	海岛潮间带区域，周期性受潮汐影响，无植被生长的区域
道路	9	无植被覆盖，主要用于城乡交通的各类道路地块
坑塘	10	无植被生长，长期性积水的低洼地块

二、海岛植被退化评估方法

1. 海岛原生植被构建

原生植被格局构建的目的就是真实、客观而全面地反映评估区在没有人类活动干扰之前的植被分布格局。这就要求评估者首先对原生植被格局的形成过程、

结构特点、分布规律及相关要素有一个客观的认识过程。众所周知，现存的植被分布格局是自然界长期演化发展和人类活动干扰的综合结果。因此，原生植被构建必须遵循以下原则：①自然性原则。原生植被是在人类活动干扰之前的自然植被格局，植被类型的自然性是构建原生植被的首要原则。②植被－气候地带性原则。许多研究表明气候与植被分布存在十分密切的联系，在我国北方，气候地带性植被类型为温带落叶阔叶林，这充分体现在许多小的岛屿和大岛上的山区地带仍然保持着地带性落叶阔叶林。③生境适宜性原则。植被发育除了受地带性气候的影响外，还受到土壤质地、水分、盐分等多种因素影响。在海岛上，许多海岸潮间带由于周期性受海水冲溅干扰，土壤盐度较高，只适合耐盐植物生长；另外一些海岸带以基岩质底为主，也不适合植被发育。

根据 20 世纪六七十年代我国海洋调查研究报告，许多沿海岛屿主要以渔业生产为主，人类活动对自然植被的干扰程度比较轻，岛屿自然植被保护得相对完整，北方地区主要为以栎属为主的暖温带落叶阔叶林。为此，本节以 20 世纪 70 年代采集的 Landsat MSS 卫星遥感影像为依据，结合海岛当前植被分布格局遥感监测成果和原生植被的构建原则，构建海岛原生植被分布格局。具体的构建方法为：首先，以 1976 年的 Landsat MSS 遥感影像为依据，选定主要原生植被类型区域，建立 Landsat MSS 遥感影像的主要原生植被类型影像解译标志。在 GIS 软件 ArcMap 的支持下，将 Landsat MSS 遥感影像与海岛当前植被分布格局监测矢量成果进行叠加，对每个斑块逐一判定其原生植被类型，赋予原生植被类型属性。其次，将初步制作的原生植被分布矢量数据与 1 ∶ 50 000 地形图进行空间叠加，分析不同海拔、不同坡向、不同坡度和土壤条件下的植被分布类型，比较筛选出不同海拔、不同坡向、不同坡度和土壤等生境条件下的原生植被类型。对于 1976 年前就已被破坏的植被区域，根据生境相似形原则，赋予相同生境的原生植被类型。最后，整理上一步的图斑赋值结果，形成相同生境条件下顶级植被发育的原生植被空间分布初步数据，并依据 1 ∶ 50 000 地形图及相关历史文献对原生植被分布初步数据进行核实、空间格局的细化与修缮，形成长山群岛原生植被格局数据，计算各种原生植被类型斑块的面积和周长等，作为海岛植被退化评估的参照依据。

2. 海岛植被退化评估

将当前植被图层与原生植被图层叠加，采用马尔可夫转移矩阵揭示原生植被退化的方向和面积，利用植被退化程度评价海岛植被退化状况，植被退化程度计算公式如下：

$$P_{ij}(\%)=(V_{ij}/V_j)\times 100 \quad (7\text{-}8)$$

式中，P_{ij} 第 j 种原生植被类型退化为第 i 种当前植被类型的植被退化程度；V_{ij} 为第 j 种原生植被类型退化为第 i 种当前植被类型的面积；V_j 为第 j 种原生植被类型的总面积。根据植被退化程度的计算结果可以直观地分析出每一种原生植被类型向当前各植被类型转化的方向、面积比例及空间分布。

三、长山群岛植被退化遥感监测与评估实证研究

1. 长山群岛当前植被格局分析

根据 Spot-55 卫星遥感影像的植被分类结果，长山群岛主要植被类型有阔叶落叶林、针阔叶疏林、落叶灌丛、农作物和草甸等五大类型，非植被类型有建设地、道路、裸露地、裸滩地和坑塘。其中落叶阔叶林植被类型的面积最大，其次为农作物、针阔叶疏林、落叶灌丛、草甸，裸露地和坑塘等非植被类型面积较小，植被组成结构为典型的自然 - 人工二元结构（图 7-2）。

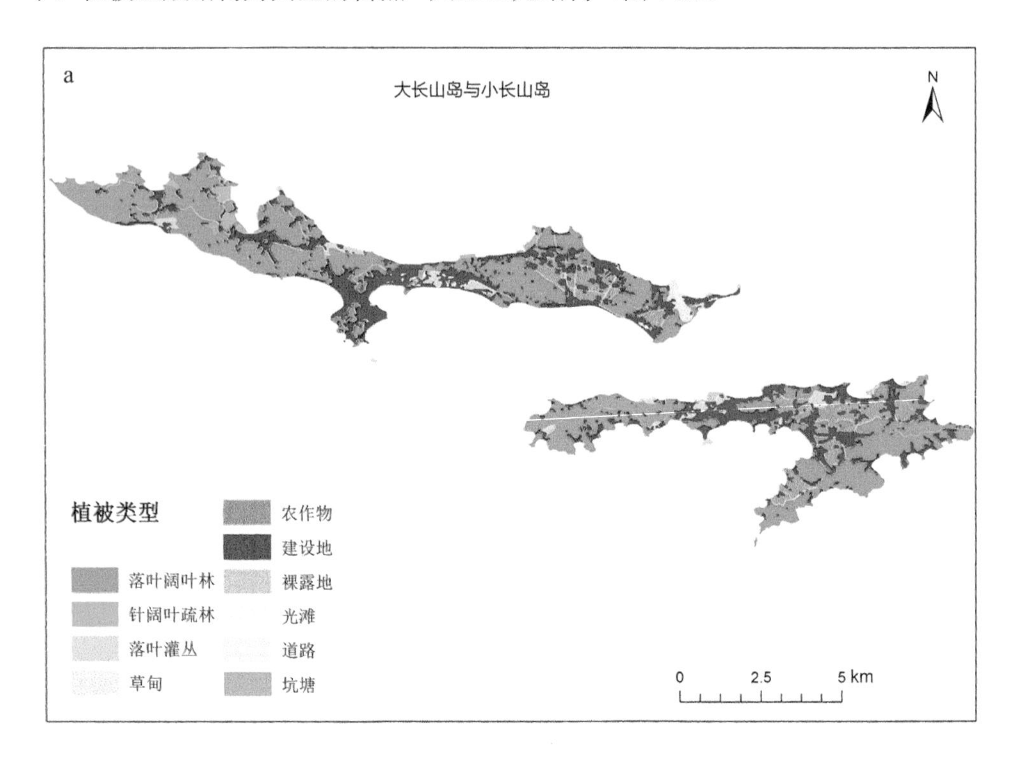

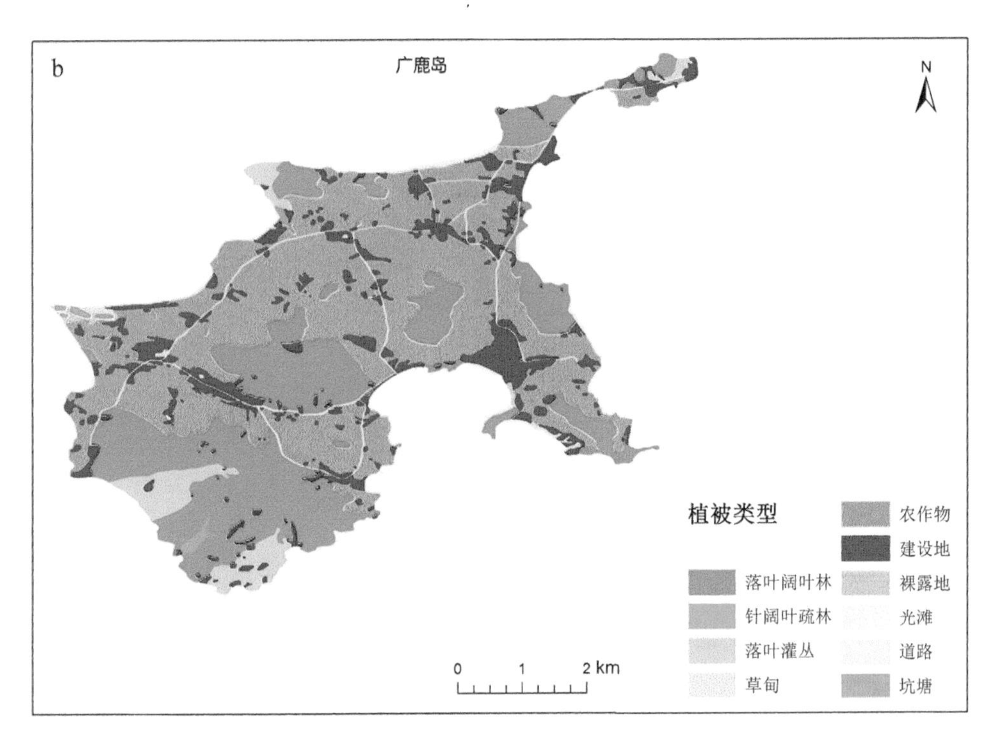
b
广鹿岛
N
植被类型
落叶阔叶林
针阔叶疏林
落叶灌丛
草甸
农作物
建设地
裸露地
光滩
道路
坑塘
0 1 2 km

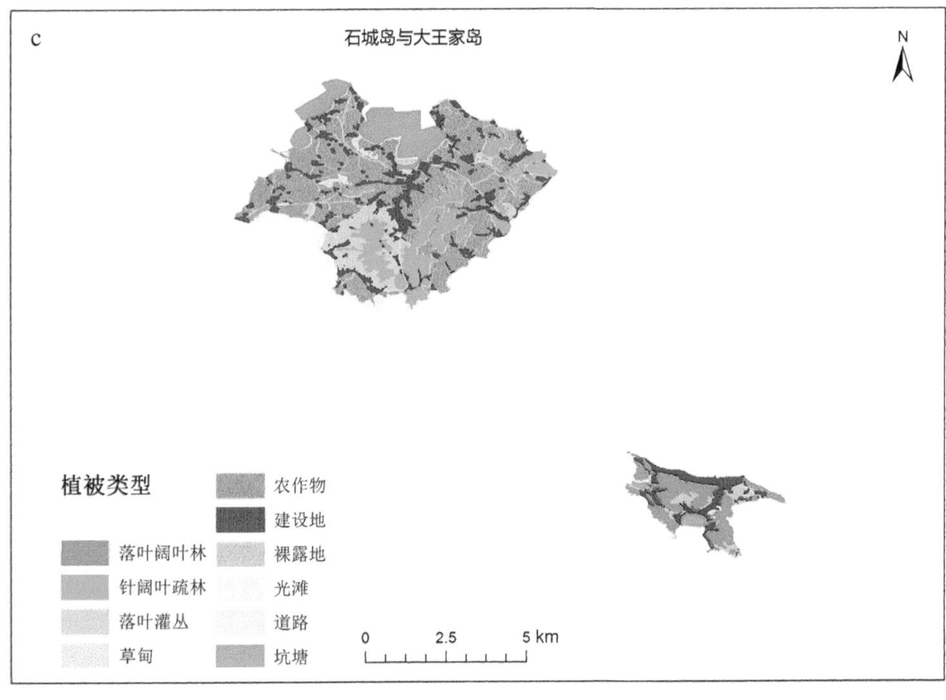
c
石城岛与大王家岛
N
植被类型
落叶阔叶林
针阔叶疏林
落叶灌丛
草甸
农作物
建设地
裸露地
光滩
道路
坑塘
0 2.5 5 km

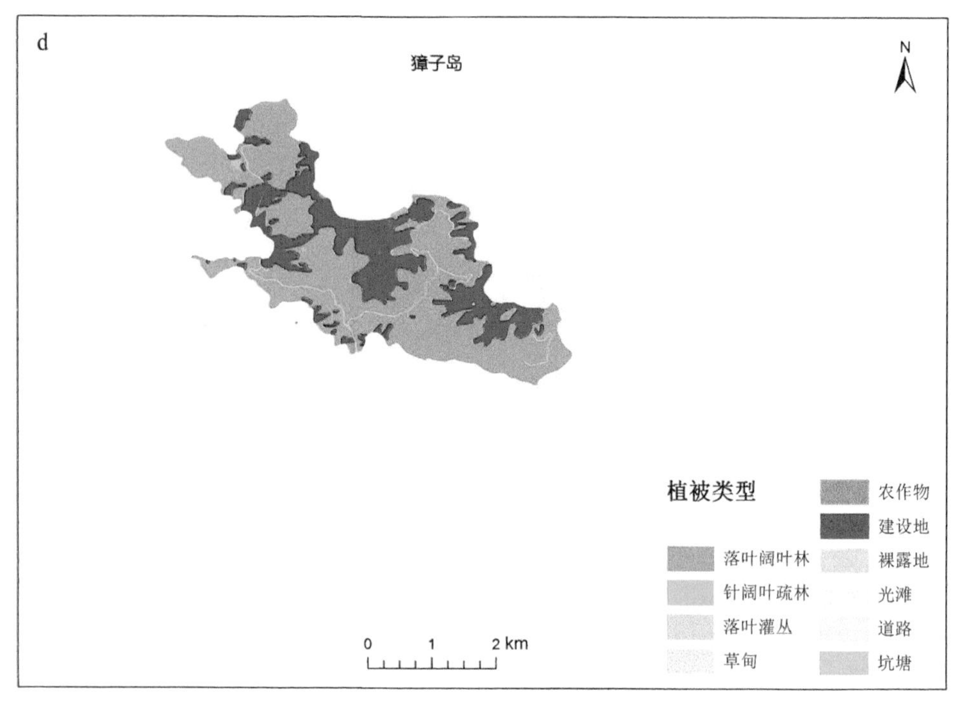

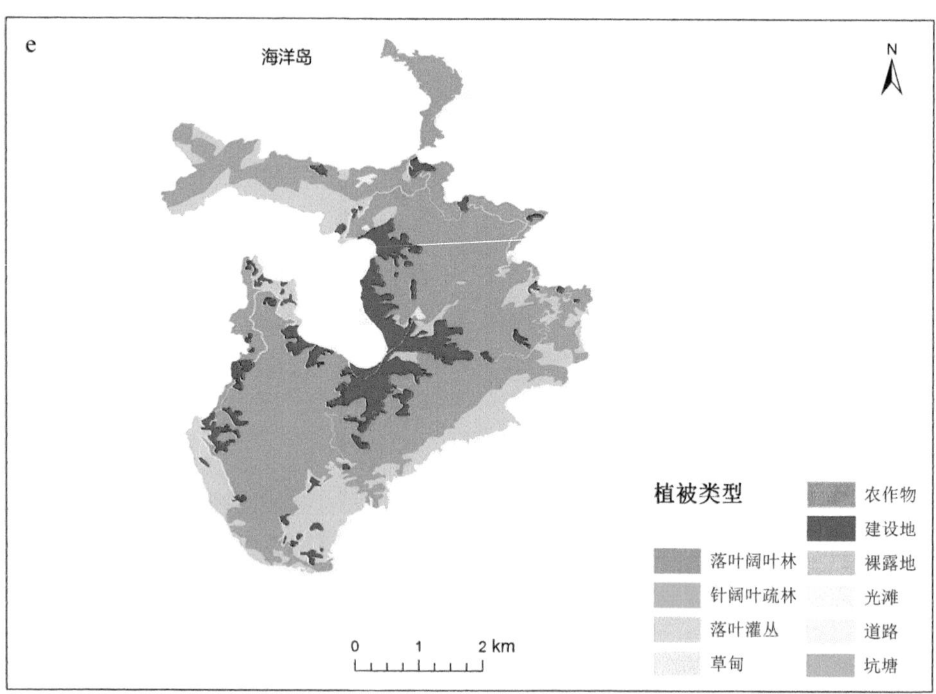

图 7-2 长山群岛 7 个主要岛屿植被分布图

从长山群岛五大岛群的植被分布来看，主要有森林型和林农型两种类型（表7-5）。其中海洋岛群和獐子岛群因距离大陆比较远，落叶阔叶林面积百分比都在57%以上，属于森林植被，尤其是海洋岛群，非自然植被面积仅占海岛总面积的20.55%。长山岛群处于整个群岛的中心位置，也是群岛经济、交通、文化的中心，建设地面积百分比最大，达到18.56%，但由于长山岛群地形以低山丘陵为主，落叶阔叶林面积百分比仍保持在52%以上属于森林植被。林农型植被覆盖类型分布于广鹿岛群和石城岛群，广鹿岛群的主要植被类型面积百分比依次为农作物39.16%、落叶阔叶林29.57%、建设地11.51%、针阔叶疏林7.99%。石城岛群也是以农作物、落叶阔叶林和建设地为主，其面积百分比依次为40.94%、22.36%和13.23%。总体来看，距离大陆海岸越远，农业植被类型逐渐减少，森林植被类型逐渐增加。森林植被主要分布于海洋岛群、獐子岛群和长山岛群，农业植被主要分布于石城岛群和广鹿岛群。究其形成原因，除了与人类活动的强度干扰有关外，还受到岛群地形条件的影响。石城岛群和广鹿岛群因地形相对平坦，森林植被多被破坏，开垦为农作物覆被类型。

表7-5 长山群岛植被覆盖分布 （单位：hm^2）

岛群	植被覆盖类型面积									
	落叶阔叶林	针阔叶疏林	落叶灌丛	草甸	农作物	建设地	道路	裸地	光滩	坑塘
石城岛群	841.27	112.12	206.93	195.27	1540.33	497.77	68.10	86.91	193.39	20.32
海洋岛群	1272.54	81.27	342.54	58.08	44.39	206.94	17.89	62.94	121.03	0.88
獐子岛群	878.49	57.17	50.78	6.39	5.02	292.83	15.96	2.43	208.60	2.74
长山岛群	2718.84	423.46	190.06	51.17	422.94	969.11	72.06	4.70	295.54	73.62
广鹿岛群	1018.30	275.15	115.36	47.18	1348.55	396.37	40.29	7.92	177.01	17.56
总计	6729.43	949.17	905.68	358.09	3361.23	2363.01	214.30	164.91	995.56	115.12

2. 长山群岛原生植被分析

对长山群岛原生植被进行分析（表7-6）。以辽东栎、白桦和山杨为主的落叶阔叶林占群岛总面积的91.17%，主要分布在各个海岛的低山丘陵区域。在长山群岛的5个岛群中，以长山岛群的原生落叶阔叶林面积最大，达到532 563.13hm^2，占岛群总面积的92.93%。而海洋岛群的原生落叶阔叶林面积百分比最高，为94.32%，獐子岛群的原生落叶阔叶林分布面积百分比最小，仅为86.10%。可以看出，在气候、土壤等外在环境相对均一的海岛区域，影响原生植被分布的主要因素是潮间带面积的比例。一定区域内海岛数量越多，其相应的潮间带面积比例越大，地带性植被的分布面积比例越小。

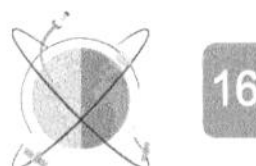

表 7-6 长山群岛原生落叶阔叶林分布

岛群	石城岛群	海洋岛群	獐子岛群	长山岛群	广鹿岛群
落叶阔叶林占比 /%	94.32	94.48	86.10	92.93	94.35

3. 长山群岛植被退化分析

通过对原生植被图层与当前植被分布图层的叠加，可以得到长山群岛及五大岛群主要原生植被落叶阔叶林的退化情况（表 7-7）。可以看出，整个长山群岛落叶阔叶林现仅保持了 48.82%，受人类活动的干扰有 19.12% 被开垦种植了农作物，6.88% 退化为针阔叶疏林，5.44% 退化为落叶灌丛，其余分别被开发为建设地（15.04%）、道路（1.52%）和退化为草甸（2.07%）、裸露地（1.11%）。由于人类活动干扰的区域差异性，长山群岛植被退化在不同岛群之间出现明显的岛域差异。在长山岛群，地带性落叶阔叶林受人类活动干扰最大，仅保持了 61.39% 的原有植被，8.95% 退化为针阔叶疏林、6.18% 被开垦种植了农作物，16.38% 被开发为建设地。在石城岛群和广鹿岛群，地带性原生落叶阔叶林分别仅保持了 24.48%、32.13%，大面积的原生落叶阔叶林分布区转化为农作物种植区，在石城岛群为 44.82%，在广鹿岛群为 44.51%。獐子岛群和海洋岛群的植被保护相对比较好，在獐子岛群，地带性落叶阔叶林保存了 70.18%，城乡建设是植被破坏的主要原因；在海洋岛群，地带性落叶阔叶林也保存了 65.51%，人为砍伐和城乡建设是导致植被退化的两大干扰因素。可以看出，在长山群岛，人类活动对植被的干扰只要发生在距离大陆较近的石城岛群和广鹿岛群，距离大陆越远，干扰程度越小，主要干扰方式为农业种植开垦和城乡建设占用。

表 7-7 长山群岛原生植被落叶阔叶林退化及转移状况表 （%）

区域	落叶阔叶林	针阔叶疏林	落叶灌丛	草甸	农作物	建设地	道路	裸地
石城岛群	24.48	8.32	8.18	3.98	44.82	7.39	1.74	1.09
海洋岛群	65.51	3.34	5.05	1.08	2.42	20.84	0.89	0.87
獐子岛群	70.18	3.69	3.74	1.89	2.75	16.10	0.67	0.98
长山岛群	61.39	8.95	5.12	0.21	6.18	16.38	1.42	0.35
广鹿岛群	32.13	2.36	4.94	2.57	44.51	10.59	1.69	1.21
长山群岛	48.82	6.88	5.44	2.07	19.12	15.04	1.52	1.11

注：落叶阔叶林为原生植被保留比例（%），其余为原生植被转化比例（%）

四、小结

本节将遥感植被监测技术和 GIS 空间分析技术相结合，通过利用 Landsat MSS 影像和历史植被分布资料记载，构建了海岛较为详细的原生植被分布格局，并以此为标准对海岛植被退化的空间态势进行了分析评估。长山群岛的植被退化监测评估实践表明，基于原生植被的海岛植被退化监测评估方法是可行性的，能较好地反映人类开发利用活动对海岛植被退化的影响方向和程度。这种海岛植被退化监测与评估方法可为海岛开发利用与植被保护、海岛生态建设与整治修复等规划编制提供技术依据。长山群岛实证监测评估结果也可为该区域海岛植被宏观生态评价、海岛植被恢复研究提供理论与方法依据。需要注意的是基于原生植被的海岛植被退化监测评估方法是一种海岛植被退化分析的新视角，只适合气候环境相对一致的局部海岛，对于跨多个气候类型的区域性海岛植被退化评价，需要从气候环境适应性角度探索新的分析评价方法。

第三节 海岛植被景观健康评估

植被是地表覆被的主要组成部分，对于提供物质材料、保持地表稳定、维持区域生态平衡都具有重要的意义。国内外专家、学者对地表植被从种群、群落、生态系统等不同尺度开展了多种方式的研究，尤其是20世纪以来，人类对地表植被的强度干扰，植被生态学研究成为地表生态环境研究的重要热点领域。新兴的景观生态学属于宏观尺度的生态学研究范畴，其理论核心集中表现为空间异质性和生态整体性两个方面。植被作为区域地表环境的综合体现，具有突出的空间异质性，是一种特色鲜明的系统整体。因此，应用景观生态学的理论与方法评估区域植被生态健康状况成为国内外植被宏观评估的主要方法，也是植被生态研究的一个新兴领域。我国是一个海陆兼备的国家，在东部、南部的渤海、黄海、东海、南海海域中分布着上千个大小不一的海岛，这些海岛一般都远离大陆，受人类活动的干扰较小。近年来，随着我国东部沿海经济发展的不断推进，海岛开发进程不断加强，以海岛植被为表征的海岛生态环境受到了前所未有的压力。海岛植被景观健康评估是将海岛植被结构、功能、变化和景观格局与过程理论、景观异质性理论结合起来的宏观尺度上的综合评估，是海岛开发规划、海洋生态环境管理与保护的基础。

一、海岛植被卫星遥感监测数据与方法

采用的数据包括：Spot-5 卫星遥感影像、CBERS-02 星 CCD 卫星遥感影像。卫星遥感影像能够完全覆盖研究区，满足研究的需要。Spot-5 卫星遥感影像融合后空间分辨率为5m，CBERS 遥感影像数据空间分辨率为19m，具有5个波段，波段分布与 Landsat 卫星遥感数据相似，经过波段合成，可以用于植被分布的宏观调查。数据处理过程中，使用到的辅助数据包括：①基础地理信息数据，包括岛礁空间分布、地名点、主要道路等图层；②地形图、植被图、土地利用图等，主要用于遥感数据校正和植被类型卫星遥感解译。

在《海岛海岸带卫星遥感调查技术规程》中的植被分类系统的基础上，结合本研究的需要将研究区植被类型划分为温带落叶阔叶林、落叶灌丛、草丛、农

田、沼生水生植被等五大类型植被，对非植被区，根据地表利用特征，将其划分为城乡建设地、交通运输地、裸露地、养殖水面、坑塘水库五大类型。根据卫星遥感影像上各类植被类型的形状、色彩及结构等特征，与现场调查相对应，分为不同的植被类型，建立解译标志。利用建立的解译标志，在ArcGIS的支持下，建立Shape文件，对每个植被分布斑块进行形状勾绘和类型判定，修改完善形成海岛植被空间数据。

二、海岛植被景观健康评估方法

1. 理论基础

生态系统健康评估是通过分析生态系统的结构、功能和适应力来判断生态系统的总体健康状况。Costanza认为，生态系统健康评估应该从生态系统恢复力、平衡能力、组织（多样性）和活力（新陈代谢）等4个方面来开展。生态系统健康评估的研究具有高度的空间尺度依赖性，景观尺度一直被认为是进行区域生态规划和管理的最佳尺度。为客观评估海岛植被景观健康状态及其空间分布特征，本节以Costanza于1992年提出的生态健康评估模式为基础，在遥感和GIS平台支持下，从植被景观活力、植被景观胁迫度和植被景观稳定性3个方面构建海岛植被景观健康的评估框架，分析海岛植被景观健康的空间分异状况。

2. 评估指标体系

在各类植被类型空间镶嵌形成的植被景观格局中，植被类型的数量、质量与景观的结构、功能是密切相关的。植被景观健康评估重点围绕植被类型的数量、质量及与之相关的重要因素构建评估指标体系。植被景观结构、功能与变化等方面的指标是决定植被景观健康的重要因子，可以直接作为植被景观健康的评估指标。植被景观健康（稳定性）与人类干扰密切相关，人类对海岛植被的干扰与破坏是植被健康的重要限制因素。因此，海岛植被景观健康评估必须考虑到植被景观的结构与功能、海岛植被的一般特点和人类活动特征，以及海岛植被的景观生态内涵。据此，本节采用层次分析法构建海岛植被景观健康评估指标体系。海岛植被景观健康评估指标体系分为3个层次：第一层次为目标层，即海岛植被景观健康总目标；第二层次为准则层，包括植被景观稳定性、植被景观活力和植被景观胁迫度三大准则；第三层次为指标层，包括归一化差值植被指数、森林覆盖率、景观多样性、景观破碎度、景观聚集度、景观分维数、建设面积比例、道路密度等8项指标（图7-3）。

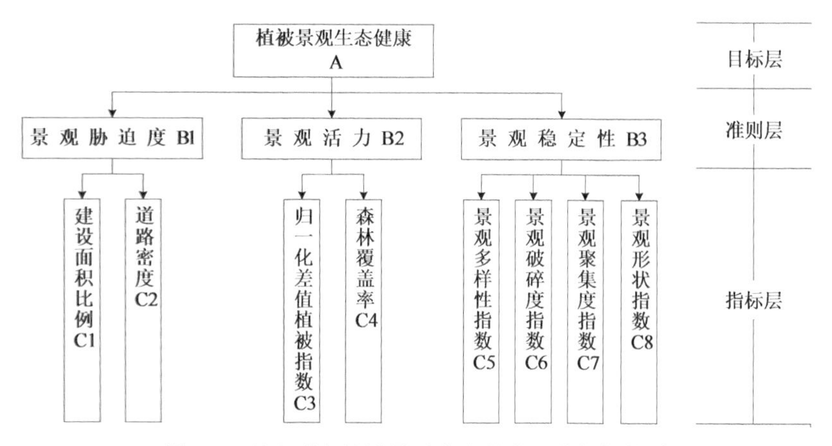

图 7-3 长山群岛植被景观生态健康评估指标体系

1）植被景观胁迫度

植被景观胁迫度指植被景观受人类活动的胁迫程度，反映人类活动对自然植被的干扰程度。一般认为，人类活动对植被景观的干扰与破坏越大，植被景观承受的压力就越大，越不利于植被景观的健康稳定。根据海岛人类活动对植被景观的胁迫特征，植被景观胁迫度可用建设地面积比例和道路密度来反映。建设地面积比例和道路密度越高，植被景观胁迫度越高，越不利于植被景观健康。各评估指标的具体含义为：①建设地面积比例（C1）指岛屿内用作城乡居住、工矿业、商贸等活动的建设土地面积占岛屿总面积的比例；②道路密度（C2）指岛屿内所有道路的总长度与岛屿面积的比值。

2）植被景观活力

植被景观活力反映了植被景观的生态功能水平，主要指植被景观的生物生产能力和生态维护功能。归一化被指数（normalized difference vegetation index，NDVI）与绿色叶片生物量、叶面积指数、植物光合作用能力、总的干物质积累及年净初级生产力等均有很好的相关性。因此，归一化植被指数常被用于进行大尺度植被生物量与生产力估算、植被健康状况探测、植被覆盖和植被分类、植被覆盖动态变化监测等研究。考虑到海岛植被景观的宏观性，选取与植被景观生物生产能力密切相关的归一化植被指数（C3）测度植被景观的生物生产能力。归一化植被指数的计算方法见参考文献（索安宁等，2009）。许多研究表明，森林是陆地上最具活力的生态系统之一，海岛森林覆盖率的高低是海岛植被景观活力的直接表现。因此，选取海岛森林覆盖率（C4）作为测度海岛植被景观生态维护功能的指标，海岛森林覆盖率指岛屿内森林面积占岛屿总面积的比例。

3）植被景观稳定性

植被景观稳定性指植被景观各参数长期变化呈现的水平状态，或是在水平线上下摆动的幅度和周期性具有统计特征，包括植被景观功能的稳定性与植被景观空间结构的稳定性。结构决定功能，要实现海岛植被景观功能的稳定性，要求相应植被景观空间结构的维持与优化。植被景观稳定性越高，植被受外界干扰的抵抗能力越强，受干扰后的恢复能力也越强，越有利于维持景观格局，保障景观功能的稳定发挥。由于植被景观稳定性用植被景观格局的空间异质性来维系，在一定程度上反映了海岛植被景观健康评估的安全性目标，所以采用反映景观异质性的景观多样性指数、景观破碎度指数、景观聚集度指数和景观形状指数来度量。在植被景观稳定性的上述指标中，景观多样性指数、景观破碎度指数和景观形状指数的取值越大，景观异质性越大，说明海岛植被受干扰越大，景观越不稳定，植被景观健康度越低，而景观聚集度指数则与景观异质性呈反比关系，其值越大，说明植被自然积聚分布的格局保持得越完整，植被景观稳定性越高。景观多样性指数(C5)、景观破碎度指数(C6)、景观聚集度指数(C7)和景观分维数(C8)的计算方法及其代表意义见参考文献（邬建国，2000）。

4）海岛植被景观健康评估模型

植被景观活力、植被景观稳定性和植被景观胁迫度 3 个指标是反映植被景观健康的综合性指标，是由多个指数综合反映的。它们对植被景观健康的影响方向和程度各不相同。因此，有必要对各个指数进行权重分配。权重分配主要依据专家经验法，同时参考了指标的重要性。植被景观胁迫度隶属的两个指标权重为建设面积比例（0.15）、道路密度（0.15）；植被景观活力隶属的两个指标权重为归一化差值植被指数（0.15）、森林覆盖率（0.15）；植被景观稳定性隶属的 4 个指标权重为景观多样性指数（0.10）、景观破碎度（0.10）、景观聚集度（0.10）、景观分维数(0.10)。由于各项指标的数据性质、量纲不同，有必要进行标准化处理。根据各项指标对植被景观健康影响的大小和正负关系，对各级指标进行归一化标准处理，将指标统一映射到 [0，1] 区间。植被景观生态健康综合评估模型为

$$H=\sum_{j=1}^{3}P_j\sum_{i=1}^{n}W_iX_i \tag{7-9}$$

式中，H 为海岛植被景观健康综合评估值；W_i 为第 i 个评估指数的权重；X_i 为第 i 个指数标准化后的值；n 为评估指数个数；P_j 为第 j 个评估指标的权重；i 为评估指数的个数，j 为评估指标的个数。

三、长山群岛植被景观健康评估实证研究

1. 长山群岛植被景观组成

对长山群岛 7 个面积大于 500.0hm^2 的岛屿植被景观类型组成进行统计（表 7-8），

可以看出，距离大陆岸线最远的海洋岛和獐子岛，植被景观都以阔叶林占绝对优势，阔叶林景观面积分别占岛屿面积的 62.60% 和 62.00%，海洋岛还有 18.82% 的草丛景观。距离大陆岸线最近的石城岛和广鹿岛，植被景观均以农业景观为主，石城岛农田面积占岛屿面积的 48.56%，广鹿岛农田面积占岛屿面积的 46.99%，这两个岛屿的植被景观组成差异主要表现在广鹿岛的阔叶林景观面积占 30.49%，而石城岛只有 15.68% 的阔叶林面积，非植被景观在石城岛有 27.61%，在广鹿岛有 17.87%。而处于群岛中部的大长山岛、小长山岛及大王家岛植被景观结构为阔叶林 - 非植被二元结构，其中大长山岛和小长山岛的阔叶林景观面积分别占岛屿面积的 55.30% 和 52.37%，而非植被景观面积分别占 34.60%、29.51%。

表 7-8　长山群岛主要岛屿植被景观组成　（%）

植被类型	阔叶林	灌丛	草丛	农田	非植被区	总面积 / hm^2
大长山岛	55.30	2.21	1.87	6.03	34.60	2609.30
小长山岛	52.37	2.90	0.32	14.90	29.51	1763.90
石城岛	15.68	0.00	8.15	48.56	27.61	3097.20
大王家岛	47.24	0.00	11.04	0.00	41.72	549.50
海洋岛	62.60	0.00	18.82	0.00	18.55	1951.60
獐子岛	62.00	0.00	0.07	0.00	37.93	944.90
广鹿岛	30.49	4.37	0.28	46.99	17.87	2684.00

2. 长山群岛植被景观健康评估

采用多级加权求和的方法实现长山群岛植被景观健康的定量评估，并将评估结果划分为 3 个健康等级（表 7-9），由第一等级到第三等级，海岛植被景观健康度逐渐降低，整个群岛植被景观健康在空间格局上，距离大陆越远，植被景观健康度越高，反之越低。

表 7-9　长山群岛植被景观生态健康评估值

岛屿名称	生态健康评估值	健康等级	活力	稳定性	胁迫度
大长山岛	0.756	第二等级	0.189	0.336	0.232
小长山岛	0.725	第二等级	0.260	0.292	0.173
石城岛	0.658	第三等级	0.161	0.288	0.209
广鹿岛	0.682	第三等级	0.262	0.289	0.131
大王家岛	0.720	第二等级	0.230	0.319	0.171
海洋岛	0.956	第一等级	0.300	0.356	0.300
獐子岛	0.871	第一等级	0.293	0.395	0.183

隶属于第一等级植被景观健康区的有海洋岛和獐子岛，总面积为 2896.5hm^2，植被健康评估值分别为 0.956、0.871。植被景观以温带落叶阔叶林为主，植被景观活力大，其中森林覆盖率分别为 62.60% 和 62.0%，植被生物生产能力旺盛，平均植被指数分别达到 0.886 和 0.853。人类活动对植被景观干扰相对较低，植被景观胁迫度小，建设用地面积比例分别为 0.103、0.257，道路密度分别为 0.009km/km^2 和 0.011 km/km^2。植被景观类型简单，獐子岛植被景观多样性指数为 0.942，景观聚集度指数为 90.528，景观形状指数为 9.191，景观破碎化指数为 17.768。海洋岛植被景观多样性指数为 1.096，景观聚集度指数为 90.443，景观形状指数为 12.922，景观破碎化指数为 16.958。这 2 个岛屿产业结构主要为水产养殖与水产品加工，农业种植极少，人类活动对植被的干扰主要为建设干扰，植被景观活力高，胁迫度低，稳定性好，总体植被景观健康。

第二等级植被景观健康区包括大长山岛、小长山岛和大王家岛，植被景观健康评估值分别为 0.756、0.725 和 0.720，总面积为 4922.70hm^2。大长山岛和小长山岛处于整个群岛的中心位置，由于地形以山地丘陵为主，山地丘陵区植被保持得比较好。该等级区植被景观活力较高，森林覆盖率分别为 55.30%、52.40%，植被指数分别为 0.765、0.792。植被景观胁迫度分别为 0.189、0.260。建设地面积比例均在 22.0% 以上，交通相对比较方便，其中大长山岛道路密度为 0.021km/km^2，为长山群岛道路密度最高的一个岛屿。植被景观稳定度分别为 0.336、0.292，总体植被景观格局特征为：景观破碎度指数大，斑块形状复杂，空间积聚度指数小，景观多样性指数居中。大王家岛是石城岛南部海域附近的一座小岛屿，面积为 549.50hm^2，是 7 个主要岛屿中面积最小的一个岛屿，植被景观健康评估值为 0.720，植被景观活力居中，胁迫度大，稳定性低，植被景观破碎度最大，斑块破碎度指数为 28.562，但景观形状相对简单，景观形状指数仅为 9.321。

第三等级植被景观健康区包括石城岛和广鹿岛，植被景观健康度评估值均小于 0.70，总面积为 5781.20hm^2。这两个岛屿距离大陆岸线都比较近，交通相对方便。广鹿岛位于群岛的最西部，面积为 2684.00hm^2，植被景观健康度为 0.682。该岛屿地势相对平坦，人类活动对自然植被的破坏较大，植被活力为 0.262，森林覆盖率仅为 30.50%，有一定数量的农田植被，平均植被指数为 0.684，植被稳定性低，植被景观空间结构复杂，人类活动对植被景观胁迫度较大。石城岛位于整个群岛的东北部，是长山群岛中面积最大的一个岛屿，植被景观健康度最小，为 0.658。该岛屿植被活力小，森林覆盖率仅为 15.70%，是 7 个岛屿中森林覆盖率最小的岛屿，植被指数为 0.731，植被景观稳定性小，多样性高，景观形状复杂，聚集度低，受人类活动干扰强度大，农田植被景观优势度大。

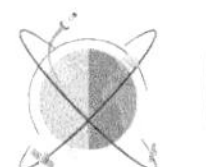

3. 长山群岛植被景观健康的岛屿差异成因分析

1）距离大陆岸线距离

图 7-4 是长山群岛主要岛屿植被景观健康度与岛屿距大陆岸线距离的变化关系。可以看出，随着岛屿距离大陆岸线距离的加大，岛屿植被景观健康度呈逐渐增加的明显趋势。距离大陆岸线最近的石城岛，距离大陆岸线 7.86km，其植被健康度最小，仅为 0.658；相反，距离大陆岸线最远的海洋岛，距离大陆岸线的直线距离为 63.52km，其植被景观健康度达到 0.956。可见，海岛的海域空间分布对海岛植被景观健康有重要的影响。海岛距离大陆岸线的远近直接决定了海岛交通运输的便捷程度，而交通运输的便捷程度是海岛开发的前提条件。距离大陆岸线较远的海洋岛、獐子岛，其交通便捷程度较差，人类活动对自然植被景观的干扰程度小，植被景观健康度高，而距离大陆岸线较近的石城岛、广鹿岛，交通相对便捷，人类活动对自然植被的破坏比较严重，植被景观健康度最小。

2）岛屿面积大小

图 7-5 是长山群岛海岛植被健康度与岛屿面积之间的关系。可以看出，岛屿植被景观健康度与岛屿面积之间似乎呈“凸”形关系，面积为 1951.60hm^2 的海洋岛植被景观健康度最高，而面积最大的石城岛和面积最小的大王家岛植被景观健康度分别仅为 0.658、0.720。出现这种现象的原因，可能是面积较大的岛屿可能更适合大规模开发，故人类活动干扰性更强，植被景观健康度小；而面积较小的岛屿，生态缓冲区域脆弱，局部区域的开发建设会直接影响到整个岛屿的植被景观健康。另外，岛屿面积大小与岛屿植被景观健康度的关系还受到岛屿空间分布格局的影响。

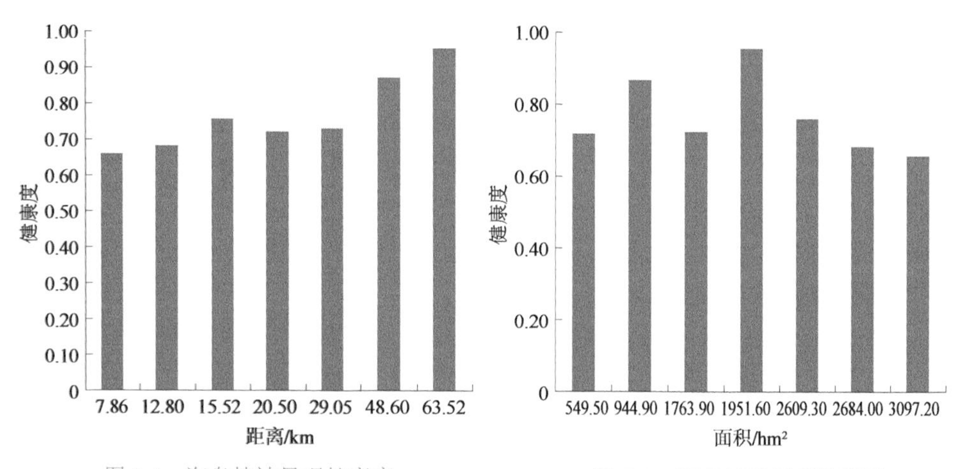

图 7-4 海岛植被景观健康度与距离大陆海岸线的关系

图 7-5 海岛植被景观健康度与岛屿面积的关系

3）产业结构

产业结构对岛屿植被景观健康具有重要影响。根据相关研究，长山群岛 7 个主要岛屿的产业结构可以划分为以渔业经济为主导的海洋岛、獐子岛；以农业经济为主导的石城岛、广鹿岛和以渔业、工业、旅游业为主导的大长山岛、小长山岛和大王家岛。由于渔业经济主要以海洋水产捕捞 / 养殖及加工为主，主要作业场所在海域及海岸局部区域，对岛屿整体植被干扰较小，故以渔业经济为主导的海洋岛、獐子岛植被景观健康度较高。而农业经济主要依靠海岛土地开展种植活动，农业种植需要在破坏海岛大量植被的基础上开展，对海岛植被的干扰、破坏很大，因此，以农业经济为主导的石城岛、广鹿岛植被景观健康度小。而以渔业、工业、旅游业等多种产业为主导的大长山岛、小长山岛、大王家岛，由于工业、城镇、旅游设施的建设都需要以植被的破坏为代价，但这些产业都相对积聚分布，对土地面积的需求不是很大，故这 3 个岛屿的植被景观健康度居中。

四、小结

限于历史条件的制约，以往的海岛生态环境基础资料欠缺，在制订海岛生态环境环境保护和规划的现实紧迫要求下，本节采用卫星遥感影像与 GIS 技术，从景观尺度探索了海岛植被景观健康的定量评估方法。遥感及 GIS 方法在实践中具有较强的可操作性和客观性，适用于海岛植被宏观生态健康评估。借助 GIS 空间分析功能，可以很好地表达出海岛植被景观健康各评估指标及空间分异规律，研究结果直观、明了。海岛植被景观健康等级的划分也可以对海岛植被生态健康程度发挥预警作用。

第八章

流域非点源污染入海过程
遥感监测与评估

第一节 流域 - 河口复合生态系统

河口是海岸空间的重要组成部分，是全球最具活力和生物多样性的湿地类型之一，也是海陆水沙动力过程相互作用最为剧烈和集中的区域。河口区域空间结构复杂，生态系统类型多样，在海陆物质循环、生物多样性维持、灾害防护等方面发挥着十分重要的作用，也是人类活动频繁密集的区域。

一、流域 - 河口复合生态系统的结构与原理

河口通过入海河流与上游流域共同形成一个相互贯通的流域 - 河口复合生态系统。这个复合生态系统由流域、河口和入海河流等组成。流域处于陆地上游，是在地质构造和长期的冲刷侵蚀等作用下，形成的以山脊分水岭为边界向河流逐渐倾斜的半封闭性集水区，是淡水、泥沙、营养盐等物质产生的“源”区域，流域范围从几十平方千米到上百万平方千米，形状多样，以海棠叶形居多。河口处于靠近海洋的流域下游区域，是入海河流进入海洋与海洋水体混合的区域，是径流、泥沙、营养盐等物质最后归宿的“汇”区域。河口在空间上分为近口段、河口段和口外段，近口段为河口洪积冲积平原区，河流以径流作用为主，潮汐作用推动河流水位有规律地时涨时落，但表层径流始终流向海洋方向；河口段为河口三角洲区域，河流径流与海洋潮汐在此区域随潮汐过程力量彼此消长，咸淡水高度混合；口外段为河口水下三角洲区，以海洋水动力作用为主，河流径流在该区域完全融入海洋。入海河流则是连接上游流域与下游河口的纽带，是上游流域径流、泥沙、营养盐等物质向下游河口区域输运的“廊道”。入海河流由干流、一级支流、二级支流、三级支流等河流体系组成河流网络，干流多位于流域下游的洪积冲积平原，各级支流则多分布于流域中上游山地丘陵。

上游流域大气降水在集水区地表、地下汇集至河流支流形成地表径流，地表径流经过漫长的河流各级支流、干流输运，最后在河口区域注入海洋。在河口区域，河流径流向海流动，海洋涨潮流周期性地向河流推进并潜入径流下层，从而抬高河流水位，使河流上层径流、泥沙、营养盐等物质漫入河口三角洲滩涂，形成河口湿地淡水生态系统；落潮过程中潮汐流回撤，海水后退，与河流上层径流

淡水高度混合，形成咸淡水混合生态系统；加上河口外的海水生态系统使河口区域成为融淡水、咸淡水、咸水生态系统等为一体的复杂河口湿地生态系统。多样性的河口生境和周期性的潮汐过程为河口芦苇湿地、碱蓬湿地、红树林湿地、盐沼湿地等多种湿地类型的发育与维持提供了充足的水源和营养。流入河口海域的径流连同海水蒸发进入大气后，在海风作用下重新回到上游流域，在遇到上游流域山地丘陵阻挠抬升过程中重新形成降水，完成流域 - 河口水循环。上游流域在降水 - 汇流形成地表径流过程中，地表松散的泥沙被地表径流大量侵蚀并挟带至各级河流，在地势平坦的干流河段，河流下流动力减弱，一部分泥沙沉积到河床，形成河漫滩、江心洲、边滩等河谷沉积地貌，大部分泥沙随径流输运至河口沉积，形成河口洪积冲积平原、河口三角洲、河口淤泥质滩涂、河口沙坝、沙洲、潟湖，沙滩等河口地貌形态。可以说上游流域泥沙输入是河口湿地空间格局形成的基本物质来源。上游流域径流汇集过程中也将地表氮、磷等营养物质收集并输运到河口水域，使河口水域富集了丰富的营养物质，为浮游植物、底栖藻类和河口维管束植物等初级生产者的发育提供了物质基础。初级生产者广泛发育，为鱼、虾、蟹等水生动物提供了充足的饵料，鱼、虾、蟹等水生动物又成为大型游泳动物、鸟类的食物来源，由此促成了河口湿地生态系统完整的食物链和能量流。另外，大麻哈鱼等一些溯河洄游鱼类，也需要由河口沿河流溯河而上，在上游流域产卵孵育，然后再回到河口海域成长。

流域 - 河口复合生态系统的耦合机制复杂，生态敏感，脆弱多变，上游流域植被、气候、人类活动等任何一个环境条件的变化都会通过河流影响河口生态系统的结构和功能。上游流域降水减少，会减少河流径流，导致河口入海淡水锐减，或致湿地干旱，或致海水入侵，危害河口湿地动植物生存，破坏河口湿地生态系统稳定。上游流域植被改变，会增加或减少流域泥沙侵蚀，导致河口入海泥沙量增加或减少，破坏河口水沙冲淤平衡，形成河口侵蚀或过度淤积灾害。上游流域人类活动在河道筑坝修建水库电站，会拦截河流汛期水沙，导致河口来水来沙减少，同时也拦断溯河洄游鱼类通道，影响洄游鱼类繁殖。上游流域大量的人类活动，尤其是农业种植和人畜粪便产生的过量营养物质，由河流径流挟带输入河口海域，则会造成浮游植物的大量繁殖，引发赤潮、绿潮等海洋自然灾害。上游流域其他化学污染物质进入河流，被挟带至河口水域也会造成河口海域污染、水体质量下降、生态系统退化。

二、流域 - 河口复合生态系统面临的主要环境问题

近几十年来，我国东部沿海地区的社会经济持续快速发展，长江口、珠江口、闽江口等河口区域人口高度集聚，开发利用强度持续加大，河口生态与环境压力不断增大，而河口环境恶化、生态退化、灾害频发已成为影响我国东部沿海

经济可持续发展的重要环境问题。

1. 淡水输入减少

河口是流域径流、泥沙和其他化学物质在流域内运移的最后出口，是海陆相互作用的集中地带。其生态系统是在淡水径流下泄与咸水潮汐上涌应力平衡作用下的动态开放系统。因此，保持一定的径流输入量对于维持河口水沙、水盐、水热和生态系统平衡都是必要的和重要的。近几十年来，随着全球性、区域性的气候变化，流域社会经济发展对水资源的大量需求，河口径流入海量普遍急剧减少。例如，黄河口是以入海径流作用为主的河口，黄河口利津站 40 多年的入海径流统计结果表明，自 20 世纪 70 年代，入海径流量大幅度减少。90 年代的实际入海径流量只有 $177\times10^8m^3/a$，比多年平均入海径流量少近 50%，断流天数则达到每年平均 102 天。海河河口入海径流量较 20 世纪 50 年代减少了 2/3 以上。辽东湾诸河口随气候变化和流域社会经济发展对水资源的需求，河口入海径流量也大幅度减少。河口入海径流量的减少，打破了河口温盐场平衡，导致河口咸水入侵，严重破坏了河口生态系统的稳定性。河口入海径流量的减少也打破了河口应力平衡，导致河口潮水上溯带来的泥沙不断在河口淤积，形成河口沙坝，影响到河口径流洪峰的下泄。

2. 泥沙输入锐减

河流入海的大量径流淡水挟带悬浮泥沙在口外段扩散，并悬浮于河口下层海水之上，形成水色差异明显的河口悬浮物锋面。大量上游流域入海泥沙在河口锋面区域沉积，不断塑造和更新着河口三角洲地貌格局。可以说，上游流域泥沙输入是促进河口三角洲地形地貌格局更新的最主要方式。我国河流每年挟带 20 亿 t 的泥沙入海，占全世界入海泥沙的 10%，其中主要是黄河和长江，两大河流占 80% 左右。黄河过去年输沙 12 亿 t，素以多沙著称。黄河的断流导致入海泥沙锐减，近几年的黄河来沙仅相当于 50 年代的 1/60，2000 年黄河入海泥沙不到 2000 万 t。一些中小型河口，如滦河口、灌河口和射阳河口等，在流域中上游或口门建闸不仅改变了流域原有的水文泥沙过程，而且使更多的泥沙拦阻在流域内部，从而改变了河口区域长期形成的泥沙冲淤平衡状态。海河流域大量水利工程的建设，导致 1958~1989 年海河闸下 11km 河口地段河床年均淤积 $5.82\times10^5m^3$，河床淤积使海河泄洪能力由 $1200m^3/s$ 降至 200 ～ $400m^3/s$，严重危及防洪安全。

3. 河口湿地破坏

河口湿地在湿地分类系统中属于滨海湿地大类，是多种野生动植物，特别是许多濒危水禽赖以生存和繁衍的场所。保护和合理利用湿地资源对于保护生物多样性、维持生态平衡、促进社会经济发展具有重要意义。自然过程和人类活动对河口的开发利用是改变河口的两大因素。人为不合理的开发利用致使湿地旱化，河口生态系统退化，许多生物栖息环境丧失，同时自然灾变事件，如风暴潮、洪水、干旱等对河口环境的改变也有着深远的影响。黄河三角洲原生湿地总面积约为 45 万 hm^2，其中潮上带湿地 20 万 hm^2，潮间带 10 万 hm^2，潮下带 15 万 hm^2。20 世纪 80 年代以来，随着黄河断流的不断加剧，下泄泥沙的锐减，黄河三角洲原生湿地不仅其生态系统的结构和功能正面临新的挑战和严重威胁，而且受海水侵蚀，大面积后退，潮间带湿地范围也在减少。区域农业开发对湿地生态环境的影响最大，辽东湾河口大部分天然湿地已转化为人工湿地，河口水稻田面积已超过芦苇沼泽面积，如果再加上沟渠、水库、围海养殖池塘等，人工湿地的面积约为天然湿地的 1 倍。以水稻田为代表的人工湿地是一种季节性积水的湿地，完全受人为措施的调控，水文调节和天然湿地有很大的不同，动植物资源种类远少于天然湿地。

4. 河口环境污染

河流入海物质流除了径流淡水及其挟带的泥沙外，还包括化学径流（污染物和营养盐）。入海化学径流主要来源于农田大量施用化肥和城镇化、工业化发展排出的大量污水。我国北方河口水域大部分水质处于劣 V 类水体，以淮河口、辽河口及海河口污染最为严重。主要污染物为有机物、石油、农药、重金属。《2014 年中国海洋环境质量公报》显示，大辽河、双台子河等 8 条入海河流挟带入海的主要污染物总量为 50.21 万 t，其中，化学需氧量和砷入海量与 2012 年基本持平，重金属入海量有所增加，石油类和营养盐入海量有所减少。随着工业、城市建设、旅游、水产养殖、种植业的迅速发展和人口的增加，工业废水和生活废水及其所含的大量污染物，特别是有机污染物和氮、磷的增加，使海域的富营养化程度不断加重，赤潮灾害频发。近年来，我国急速成为一个赤潮灾害多发的国家，发生频率呈逐年增加的趋势，每年损失以 10 亿元计。其中东海发生频率最高，其次为黄海和渤海、南海，长江、珠江口外海域都发现了底层缺氧区。

5. 海岸侵蚀与咸水入侵

河口区径流入海作用的减弱乃至消失，会使海洋作用逐渐处于主导地位，从而加剧了河口海岸侵蚀和咸水入侵。河口泥沙入海量的减少，使海岸泥沙流处于一种非饱和状态，从而产生或加剧了海滩及海岸侵蚀。江苏盐城废黄河口，由于黄河改道，原河口三角洲在波浪和潮流共同作用下导致大面积冲蚀和冲刷泥沙的大量输出，形成了 −15 ～ −10m 深水线近岸的岸段。河流径流的减少使地下水失去一个重要补给源，加之工农业过度开采河口或三角洲地区地下水，致使其地下

水生态平衡遭到破坏，地下水位随之下降，部分河口地区的开采模数已接近或超过多年平均补给模数。地下水位不断下降形成地下漏斗，诱发海水入侵地下含水层，使地下水的含盐度大大增加而失去饮用价值。据辽东湾河口咸水入侵调查结果，双台子河及大辽河干流咸水入侵面积为3350hm^2，咸水入侵造成营口市地下淡水污染，水资源供给困难，严重影响了城市的发展。

6. 河口生物种类减少，渔业资源枯竭

河口区域的过渡性生态交错带为各水生生物提供了多种生存环境，流域的各种营养物质输入也为河口生物生存提供了丰富的营养饵料资源，使河口区成为海洋生物多样性的富集区，也成为海洋渔业资源的主要形成区。近几十年来，高强度的渔业资源捕捞，加上近岸海域水质污染和沿海滩涂围垦，使我国许多河口渔业资源出现明显的结构变化和功能退化。河口渔业资源衰退的主要原因包括两方面：一方面是不合理的资源开发。过度捕捞严重影响了鱼类群落的更新周期，导致鱼类群落数量减少，群落结构分化，大型鱼类种群消失，鱼类群落朝小型化方向演替。虽然从20世纪80年代初期开始通过采取法律和行政手段进行了干预(如设立禁渔期、禁渔场等)，使渔业资源枯竭趋势逐步得以缓解，但总体资源数量还没有取得明显的效果。另一方面河口环境污染严重，也胁迫某些鱼类种群逃逸或消失，是导致河口渔业资源下降的另一个原因。传统的鱼类产卵场和育幼场的水质污染严重，富营养化水平高，赤潮频发，已严重威胁鱼类的繁衍与生长。

三、流域-河口复合生态系统的管理

流域-河口复合生态系统是密不可分的一个整体，人口是这个复合生态系统的核心要素，它在该系统中起着举足轻重的作用。所以在制订河口管理措施时应该同时考虑流域自然生态系统及人类活动形成的经济系统的影响，在地区与部门微观管理的基础上，实施流域-河口复合生态系统的宏观管理。流域-河口复合生态系统的管理就是将流域-河口作为一个整体管理目标，根据河口生态系统健康稳定的基本要求，确定流域入海径流、泥沙、营养盐、污染物的适宜规模，以及河口人类活动干扰破坏的最大阈值。以此为依据，将涉及流域、河口的地区（行政区域）或部门（环保、海洋、林业及其他有关部门）进行统一协调，建立各个涉及部门齐抓共管、各自分工的管理体制，以优化利用流域-河口复合生态系统内的各种资源，形成生态经济合力，产生生态经济功能和效益。

环境监测与评估是流域-河口复合生态系统保护和管理的重要基础，它可以为决策提供必不可少的依据。长期以来，我国河口、流域环境监测工作各自分散，缺乏海陆统筹的统一监测与评估指标体系，难以对获得的数据资料进行系统分析，且以往对河口功能和效益的评估大多以定性描述为主，缺乏系统、定量的监测，对河口的生态、经济和社会效益的价值评估开展得也较少，这极大地影响了河口综合管理的针对性，放任了河口环境破坏和生态退化。河口环境管理必须从流域 - 河口复合生态系统角度，利用遥感技术、地理信息系统、通信技术、计算机技术等先进的技术手段，建立流域 - 河口环境监测预测数学模型、信息管理系统，构建实时的流域 - 河口立体环境监测系统，有效控制和监测流域点源污染与面源污染，促进流域 - 河口社会经济与环境的协调发展。

第二节　流域非点源污染源遥感监测与评估

流域非点源污染指溶解的污染物从流域非特定地点，在降水（或融雪）冲刷作用下，通过流域径流过程汇入受纳水体（如河流、湖泊、水库和海湾等）引起的污染。美国《清洁水法修正案》认为非点源污染为污染物以广域的、扩散的、微量的形式进入地表及地下水体。由于非点源污染的随机性、污染物排放和污染途径的不确定性，特别是污染负荷的时空差异性，对其监测、模拟与控制面临巨大的困难。流域非点源污染发生的广域性、分散性、随机性和低浓度等特征决定了流域非点源污染物不可能像点源污染物那样能够进行集中处理。在技术方法上，充分利用现代科学技术手段，识别流域内非点源污染关键源区（critical source area，CSA），从而使控制与管理措施更具针对性，已被公认为是减轻非点源污染危害的关键技术。本节利用卫星遥感技术结合地理信息系统，构建了流域非点源污染污染源的信息识别与提取技术，为入海河流上游流域非点源污染识别控制提供技术依据。

一、流域非点源污染分类

根据流域非点源污染发生的区域和过程特点，可将流域非点源污染分为城市非点源污染和农业非点源污染。前者是城市生态系统失调的结果，所产生的污染物分布广、数量大、成分复杂。在时间上，城市污染源排放具有间断性，污染物晴天累积，雨天排放；在空间上，受排水系统影响，小尺度呈现点源特征，较大尺度上表现为非点源特征。农业非点源污染可分为土壤侵蚀和流失、地表径流、农田化肥、农药施用、农村粪便与垃圾、大气干湿沉降及其他类型。

1. 土壤侵蚀和流失

土壤侵蚀和流失是规模最大、危害程度最重的一种非点源污染。土壤侵蚀损失了土壤表层有机质层，同时将许多污染物挟带进入水体，对水体产生影响的主要是悬浮颗粒物，其在水中会释放出一些溶解态污染物。土壤流失强度取决于降雨强度、地形地貌、土地利用方式和植被覆盖率等。实验表明，在年降雨量

500mm 的情况下，坡度 5°～7° 时土壤的年流失量是坡度 1°～5° 时的 7 倍。

2. 地表径流

降雨导致的地表径流是最主要的非点源污染源，包括非透水性和透水性地表径流，分别指城区径流及农村地区、矿山、林地、草地等的径流。地表径流污染主要包括三方面：①城镇地表径流污染。主要指雨水及所形成的径流流经城镇地面，如商业区、街道、停车场等，聚集原油、盐分、氮、磷、有毒物质及杂物等污染物，随之进入河流，污染地表水或地下水体，美国国家环境保护局把城市地表径流列为导致全美国河流和湖泊污染的第三大污染源。②矿区、建筑工地地表径流污染。主要由人类活动引起：一方面因不合理的人为活动破坏原有土壤结构和植被景观，使土表裸露，水土流失增加；另一方面降雨条件下散落在矿区地表的泥沙、盐类、酸类物质和残留矿渣等，随地表径流进入水体，形成非点源污染。③林区地表径流污染。主要是降雨过程中所发生的地表侵蚀，使地表植物残枝、落叶及形成的腐殖物随地表径流进入水体形成。因林区人为活动强度相对较低，地表植被覆盖率较高，林区地表径流形成的非点源污染负荷常较前两种地表径流低，但在森林采伐区，因破坏地表植被，地表径流和土壤侵蚀增加，因而区域非点源污染也会增加。

3. 农田化肥、农药施用、农村粪便与垃圾

农药、化肥、家畜粪便和垃圾堆放是重要污染源之一。许多研究表明，农药和化肥使用是一些水体污染和富营养化的最主要的污染源。农田施用粪肥及利用附近水体的水资源灌溉，灌溉水及肥料中的营养物被农作物吸收，以及被土壤净化。但若施用量过大或时间不当，许多肥分未经农作物充分吸收和土壤净化而直接进入水体，就会造成水体污染。另外，农村垃圾随意堆放腐烂，随风和径流进入水体也会造成水体污染。

4. 大气干湿沉降

大气中有毒、有害污染物可直接降落至地面和水面，也可随降雨和降雪沿径流进入土壤和水体，不仅直接破坏建筑物和植被，还会污染土壤和水体。研究认为，美国著名的五大湖的首要污染源为大气沉降污染。

5. 其他类型

除以上非点源污染外，农村生活污水、畜禽粪便、水产养殖、底泥二次污染等均会带来非点源污染。

二、流域非点源污染源卫星遥感空间识别方法

1. 流域非点源污染识别目标

流域农业非点源污染的形成受到多种因素的影响，包括土壤理化性质、土地利用、水文、农田耕作方式与肥料、农药使用数量与方式等。不同污染物由于理化性质和流失过程的差异，其影响因子也有所不同，但可以将其分为源因子和迁移扩散因子两类。源因子主要反映各种土地利用方式下土壤中养分含量、肥料输入及土壤对养分的持留能力等，表明是否具有较高的养分输出潜力；迁移扩散因子包括直接和间接影响养分迁移的因子，决定了那些潜力能否转化为实际的流失。

1）源因子

源因子主要包括土壤养分含量、农业化学品的施用量、施用方式和时间，以及土壤对潜在污染物的固持能力等。土壤养分含量是影响营养物质输出潜力的一个重要因子。土壤中养分含量越高，由地表径流和淋溶带走的养分就越多，形成非点源污染的可能性也就越大。长期过量使用化肥和有机肥，必然使过量养分在土壤中不断富集，增加养分流失的潜在风险。因此，肥料施用的数量和方式的空间差异是确定关键源区的重要因素。土壤对潜在污染物的固持能力主要取决于土壤的理化性质，土壤类型、土地利用方式的空间变化是造成非点源污染物输出量空间差异的重要因素。对于特定的污染物，可以用一些替代指标来表征土壤的固持能力，如利用磷吸持指数来评估不同类型土壤中的磷向水体释放的风险。

2）迁移扩散因子

迁移扩散因子主要包括土壤侵蚀、地表径流、农田与河流的距离及水体的连通性等。土壤侵蚀与非点源污染是一对密不可分的共生现象，土壤侵蚀往往是污染物流失的主要发生形式，且与被侵蚀的地表土壤相比，侵蚀泥沙中的养分往往会有较明显的富集现象。地表径流是造成土壤侵蚀的主要驱动力，地表径流增大，除了增加土壤侵蚀，以泥沙方式带走更多的养分外，也造成径流中溶解态养分流失量的增加。径流和土壤侵蚀的强度主要是由降雨强度与历时、地形、耕作方式，以及土壤物理特性等因素所决定的，因此为识别流域非点源污染源而建立相应的指标体系时，通常以这些因素作为衡量其影响程度的替代指标。非点源污染物在从源区向受纳水体迁移的过程中，由于生物吸收、物理截留和化学反应（如磷的沉淀反应和氮的反硝化等），浓度将不断降低。迁移距离越远，对受纳水体的影响也就越小，因而距离河流较远的物源区对非点源污染贡献的重要性一般要小于距离较近的地区。Gburek 等结合水文学中普遍使用的重现期与径流峰值之间的相互关系，建立了重现期与贡献距离之间的定量关系。重现期越短，暴雨径流的贡献距离和面积越小，而发生的频率越大，对水体形成危害的可能性就越大。除了农田与水体的距离，它们之间的连通性也是影响非点源污染物迁移的重要因素。所谓连通性就是指地块与受纳水体之间有无缓冲隔离带或是排水沟等异质景观。植被缓冲区或湿地景观必然减少它们之间的连通性，形成物理障碍和生物地球化学障碍，通过对污染物的阻截、吸收、沉淀、降解等途径减小污染物对水体的影响；相反，排水沟则会增加连通性，加速营养物质向水体的迁移。

2. 流域非点源污染源卫星遥感空间识别提取方法

1）卫星遥感数据选择

根据流域非点源污染监测的目的和任务要求，选择卫星遥感影像作为流域非点源污染空间识别的主要数据源。卫星遥感影像选择包括：①时相选择，选择地表地物类型之间光谱差异明显的生长季节影像，7 ～ 9 月为最佳时相；②空间分辨率选择，一般选用空间分辨率为 20 ～ 30m 的卫星遥感影像；对于专题目标物的特殊监测可选用空间分辨率为 2.0 ～ 5.0m 的高空间分辨率卫星遥感影像，更高的监测精度要求可选用 1.0m 以内的高空间分辨率卫星遥感影像和航空遥感影像；③波段选择，至少有红、蓝、绿 3 个波段；④地形数据选取监测流域的数字高程模型（DEM）或数字地形数据，空间分辨率在 20m 以内。

2）外业勘察

在熟悉监测区图件、资料的基础上，做好野外踏勘点布设、野外样方点布设、影像控制点测量布设，确定外业的工作路线与方法。外业勘测包括：①地面控制点测量，按照卫星遥感影像面积与形状，在影像上均匀布设地面控制点，采用包括 RTK（载波相位差分技术）等测量设备及与之配套的测量软件，测量卫星遥感影像几何精校正所需的测量控制点；②非点源污染源类型现场调查，根据空间分布格局，在每类非点源污染源类型中随机选取均匀分布的若干地面调查点，采用样方法、样带法、样线法设置调查点，调查非点源污染源的类型、面积、所处地形特征、非点源产生特征、产生强度，拍摄相应的现场实况照片与录像，并作详细现场记录；③非点源污染源解译标志建立，对于在卫星遥感影像监测区范围内的主要地物类型进行实地踏勘，采用差分 GPS 准确定位各个主要地物类型踏勘点的经纬度位置，确定地物类型的遥感影像特征，建立遥感解译标志和分类样本库。

3）流域非点源污染源卫星遥感空间识别方法

在 GIS 软件支持下，利用移动窗口在预处理完成的卫星遥感影像上获取每种非点源污染源类型的卫星遥感影像特征样本，每种类型至少提取 10 个影像特征样本，构成流域非点源污染源地物标志库。利用建立的流域非点源污染源卫星遥感地物标志库，在卫星遥感影像处理软件的支持下对卫星遥感影像进行非点源污染源类型判定和影像分类。根据判定对象的不同，判读的方法包括直接判定法、

对比分析法、逻辑推理法等。应用典型样区校核法或线路验证法，校验卫星遥感信息提取的准确性；拍摄照片，并作现场记录。重点对遥感影像上的复杂类型或疑点区地物进行地面验证核实。验证量应不小于30%。

4）流域非点源污染源空间分类

根据非点源污染发生的特征，建立坡度限制和距离限制两种空间限制。坡度限制是在区域降水相对均一的情况下，流域水沙运移一般受地形坡度控制，坡度越陡，重力作用越强，水沙挟带营养盐运移强度越大。相关研究表明，坡度大于35°为水沙剧烈流失区、25°～35°为水沙极强度流失区、15°～25°为水沙强度流失区、5°～15°为水沙中度流失区、小于5°为水沙轻微度流失区。据此，将流域坡度划分成25°以上为1级区，15°～25°为2级区，15°以下为3级区。

将通过卫星遥感数据提取的流域非点源污染源信息与流域坡度信息进行图层叠加，将坡度25°以上区域内的非点源污染源划分为流域1级非点源污染源区，15°～25°区域内的非点源污染源划分为流域2级非点源污染源区，15°以下区域内的非点源污染源为流域3级非点源污染区域。

非点源污染物在从源区向受纳水体迁移的过程中，由于受生物吸收、物理截留和化学反应等各种生物、化学、物理过程影响，污染物浓度将不断降低，污染风险也会越来越小，而且非点源污染物迁移距离越远，浓度降低越大，对河口水体的影响也就越小，因而距离河流较远的污染源区对非点源污染贡献的重要性要小于距离河流较近的非点源污染源区。因此，结合Gburek等的研究，将河流2km范围内定级为1级区域，河流2～5km为2级区域。5km以外为3级区域。

将通过卫星遥感数据提取的流域非点源污染源信息与流域河网距离信息进行图层和运算叠加，将河流2km范围内非点源污染源定级为1级非点源污染源区，河流2～5km的非点源污染源为2级污染源区。5km以外的非点源污染源为3级污染源区。

将流域坡度限制形成的1级、2级、3级非点源污染源数据与距离限制形成的1级、2级、3级非点源污染源区进行图层叠加运算，形成流域非点源污染源空间分布数据。

三、大洋河流域非点源污染源遥感监测与评估实证研究

1. 大洋河流域非点源污染源类型分析

大洋河流域非点源污染源主要分为农业耕作污染源、城乡居民点污染源和工矿开采污染源（图8-1）。农业耕作污染源分布面积最大，达到158 778.19hm^2，在空间分布格局上，流域上游受地形特征限制呈带状分布于大洋河及各级支流的

河谷地带，在流域下游的河口平原区域则连片分布于地势平坦的区域。在污染发生特征上，流域上游农业耕作主要以旱作玉米、大豆为主，非点源污染主要发生在每年的夏秋季节强降水 - 汇流过程中。流域下游农业耕作主要以水稻种植为主，灌溉方式为常年灌溉，所以非点源污染主要发生在水稻生长季节的每次农田灌溉换水期间。城乡居民点污染源虽然面积仅有 9627.52hm^2，但斑块数量多达 904 个，在流域空间范围上为分散分布，流域上游主要沿大洋河及各级支流两岸分布，流域下游河口平原区域则在空间上随机分散分布，非点源污染主要发生在每年夏秋季节的强降水 - 汇流过程中。工矿业开采污染源主要分布于流域上游的偏岭河小流域、汤池河小流域和哈达碑河小流域，面积达到 1247.35hm^2，分布斑块为 46 个，非点源污染也主要发生在每年夏秋季节的强降水 - 汇流过程中。

图 8-1　大洋河流域主要非点源污染源分布

2. 大洋河流域非点源污染源等级分析

根据非点源污染的发生过程特征，选择距离与坡度作为大洋河流域非点源污染源等级划分的主要依据。图 8-2 为大洋河流域非点源污染源等级分布。大洋河流域非点源污染源可以被划分为 1 级污染源区、2 级污染源区和 3 级污染源区。1 级污染源区面积为 122 034.17hm^2，空间斑块数量为 1262 个，主要分布于大洋河流域干流及其各级支流河道两边 1km 范围内的耕地、城乡居民地、工矿开采区，以及坡度大于25° 的耕地、城乡居民地和工矿开采区。2级污染源区面积为26 052.43hm²，空间斑块数量为454个，主要分布于大洋河流域干流及其各级支流河道两边1～2km的耕地、城乡居民地、工矿开采区，以及坡度在15°～25° 的耕地、城乡居民地和工矿开采区。3级污染源区面积为23 152.74 hm²，空间斑块数量为697个，主要分布于大洋河流域干流及其各级支流河道两边2km范围以外的耕地、城乡居民地、工矿开采区，以及坡度小于15° 的耕地、城乡居民地和工矿开采区。

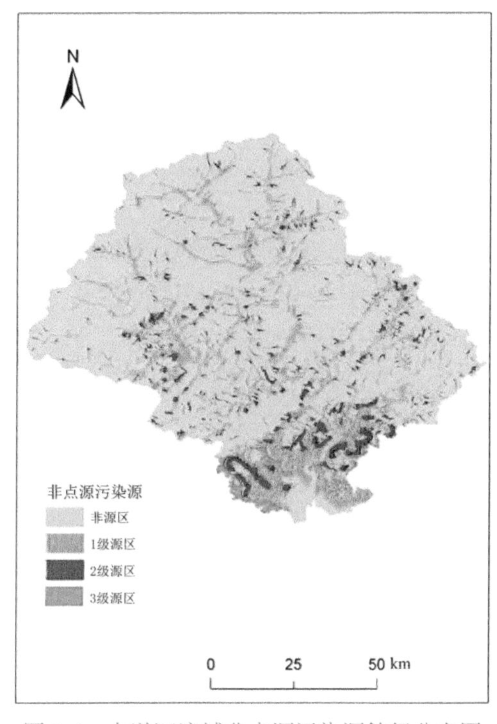

图8-2 大洋河流域非点源污染源等级分布图

四、小结

目前，我国海洋环境污染物大部分来自于入海河流，如何控制上游流域污染物的输入是海洋污染治理与环境保护的关键，而上游流域非点源污染又是更难识别和治理的一种海洋环境污染源。本节利用卫星遥感技术结合地理信息系统，构建了流域非点源污染源识别的技术方法，并在大洋河流域开展了实践应用，研究认为这种方法快捷方便，是流域非点源污染源识别的有效技术，可为海陆统筹管理下的海洋环境污染上游流域治理提供技术依据。

第三节　流域非点源污染入海风险评估

流域非点源污染问题已引起各国管理者与学者的高度重视，特别是流域非点源污染物入海排放产生的河口及近岸海域的富营养化及赤潮灾害。流域非点源污染风险评估是控制和管理流域非点源污染的一种重要方法，以往的非点源污染风险评估在对环境过程空间特征的描述、对空间数据操作，以及对评估结果的显示方面都比较困难。GIS 技术与非点源污染风险评估技术相结合，将比例尺、坐标系统等不同来源的空间数据进行转换和标准化，并与非空间数据相结合，使非点源污染风险评估实现空间显式评估。这样不仅提高了评估的精度，而且对于评估整个流域非点源污染的历史和现状、分析流域非点源污染在土壤和水体不同组分中的运移和沉淀、提出流域的最佳管理措施（best management practice，BMP）都有十分重要的意义。为此，本节采用卫星遥感与 GIS 技术相结合，根据流域非点源污染类型及其发生特征，构建了流域非点源污染风险评估的技术方法，为流域非点源污染入海控制提供技术方法。

一、流域非点源污染源风险评估方法

1. 评估指标的选择

流域农业非点源污染的形成受到多种因素的影响，包括土壤理化性质、土地利用、降水、农田耕作方式，以及肥料、农药使用数量与方式等。根据流域非点源污染发生的过程机理，将流域非点源污染划分为源因子和迁移扩散因子两类。源因子主要反映各土地利用方式下土壤中养分含量、肥料输入及土壤对养分的持留能力等，表明土壤是否具有较高的养分输出风险；迁移扩散因子包括直接和间接影响养分迁移的因子，决定了那些风险能否转化为实际的流失过程。

综合国内外的研究结果和流域的自然地理、社会经济和非点源污染评估的一般指标体系，将流域非点源污染风险评估指标划分为源风险指标和运移风险指标。源风险指标主要选取化肥施用量、畜禽粪便密度、人口密度、土壤类型作为评估指标。运移风险指标主要选取土壤侵蚀、年径流深度、距河流距离。

1）化肥施用量

土壤养分含量是影响营养物质输出潜力的一个重要因子。土壤中养分含量越高，由地表径流和淋溶带走的养分就越多，形成非点源污染的可能性也就越大。长期过量施用化肥和有机肥，必然使养分在土壤中不断富集，增加养分流失的潜在风险。因此，肥料施用的数量和方式的空间差异是流域非点源污染发生的重要风险因素。

2）畜禽粪便密度

畜禽养殖产生的粪便是流域非点源污染的另一个重要来源，对于我国大多数农业区域，畜禽养殖一般都是家庭个体分散养殖，养殖方式多为露天放养，畜禽粪便散落在露天地表，会随降水径流汇入河网，成为水体的重要污染源。

3）人口密度

人类活动可以改变地表景观格局，加速地表物质富集，改变流域物质运移通道，形成各种类型的非点源污染源。另外，人类粪便若处理不当，也会成为流域非点源污染的主要来源。

4）土壤类型

土壤对潜在污染物的固持能力主要取决于土壤的理化性质，土壤类型、土地利用方式的空间变化是造成非点源污染物输出量空间差异的重要因素。对于特定的污染物，可以用一些替代指标来表征土壤的固持能力，如利用磷吸持指数来评估不同类型土壤中的磷向水体释放的风险。另外，土壤本身的养分水平是农田土壤养分流失潜力的一个重要指标。

5）土壤侵蚀

土壤侵蚀与非点源污染是一对密不可分的共生现象，土壤侵蚀往往是污染物流失的主要发生形式，且与被侵蚀的地表土壤相比，侵蚀泥沙中的养分往往会有较明显的富集现象。

6）年径流深度

地表径流是造成土壤侵蚀的主要驱动力，地表径流越大，除了增加土壤侵蚀，以泥沙方式带走更多的养分外，也会造成径流中溶解态养分流失量的增加。径流和土壤侵蚀的强度主要是由降雨强度与历时、地形、耕作方式，以及土壤物理特性等因素所决定的。

不同的地区受到不同的自然条件和人类活动的影响，各个指标对非点源污染发生风险的重要性各不相同，而同一指标对不同非点源污染发生风险的重要性也存在差异，在评估指标体系中应赋予不同的权重。权重的赋值目前较多采取专家评判的方法，但具有一定的主观性影响，应根据实地监测的结果作相应的校准，使评估的指标及对应的权重能够恰当地反映各指标的相对贡献。各个影响因子一般分为6个等级（极低、较低、低、中、高、极高），基于当地的实际资料采用专家评判法分别赋予不同的值，不同的指数系统，各个等级的赋值形式、大小可能不同。

2. 基于GIS技术的流域非点源污染风险评估

采用半定量指数模型结合GIS技术是进行流域非点源污染风险评估的重要方法。利用GIS的空间数据处理能力来处理流域非点源污染的空间变异性问题，可以方便地实现流域非点源污染风险评估。基本的评估步骤为：①收集研究区背景资料及现场实测资料、数据，根据研究区特征筛选、确定与非点源污染物流失关系最密切的因子作为评估指标，建立分类（如源因子、迁移因子）指标体系，根据各个指标的调查资料确定权重与等级值；②根据精度要求与资料条件，采用空间离散化方法将流域划分为性质相近、面积较小的地理单元（较小的地理网格），对各个地理单元内的各项参数指标进行量化识别；③根据土壤性质、所在单元与河道或湖泊的距离、地形坡度及土地利用方式等特征，建立非点源污染指数模型，对各个地理单元内的非点源污染发生风险进行量化；④输出流域非点源污染物流失风险指数图。

流域非点源污染风险评估指数系统（APPI）的模型公式和模型所涉及参数含义如下：

$$\mathrm{APPI}_i=\mathrm{RI}_i\mathrm{WF}_1+\mathrm{SPI}_i\mathrm{WF}_2+\mathrm{CUI}_i\mathrm{WF}_3+\mathrm{PALI}_i\mathrm{WF}_4 \quad (8\text{-}1)$$

式中，RI（runoff index）为径流指数，用于评估区域内的地表径流产生能力；SPI（sediment production index）为泥沙流失指数，用于评估区域的土壤泥沙流失潜力；CUI（chemical use index）为农田营养盐流失指数，用于评估区域内肥料使用对非点源污染发生潜力的贡献；PALI（people and animal loading index）为人畜排放指数，用于评估区域内人畜排泄物的发生潜力及其对水体的影响；I表示不同的区域；WF（weighting factors）表示不同指数的权重。

在GIS技术支持下，以20m×20m栅格为评估单元，生成流域非点源污染风险评估各个因子的栅格图，确定各因子权重，划分因子等级，将各因子按照等级标准化，带入流域非点源污染风险评估指数模型，评估流域非点源污染风险发生的空间格局。

二、大洋河流域非点源污染风险评估实证研究

1. 地表径流风险分析

大洋河流域地表径流发生风险的6个等级中（图8-3），Ⅰ级风险区域为年

径流深度＜56.00mm的区域，面积为173 863.36hm²，占流域总面积的26.14%，主要分布于大洋河流域中部，贯穿流域南北。Ⅱ级风险区域为年径流深度大于56.0mm而小于62.0mm的区域，面积为319 687.00hm²，占流域总面积的48.06%，主要分布于大洋河流域中部Ⅰ级风险区域两侧，为流域面积最大的地表径流风险区域。Ⅲ级风险区域为年径流深度大于62.0mm而小于68.0mm的区域，面积达到100 575.81hm²，占流域总面积的15.12%，主要分布于大洋河流域东西两侧，北部、中部和南部的局部山地区域。Ⅳ级风险区域为年径流深度大于68.0mm而小于74.0mm的区域，面积达到36 360.13hm²，占流域总面积的5.47%，主要分布于大洋河流域东西两侧域。Ⅴ和Ⅵ级风险区域为年径流深度分别为大于74.0mm而小于80.0mm和80.0mm以上的区域，面积分别仅占流域总面积的3.45%和1.77%，主要分布于大洋河流域东西两侧。

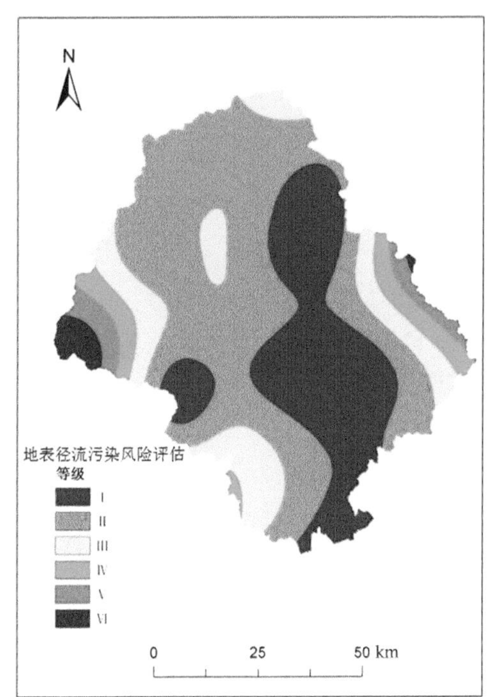

图 8-3　大洋河流域地表径流污染风险评估等级分布图

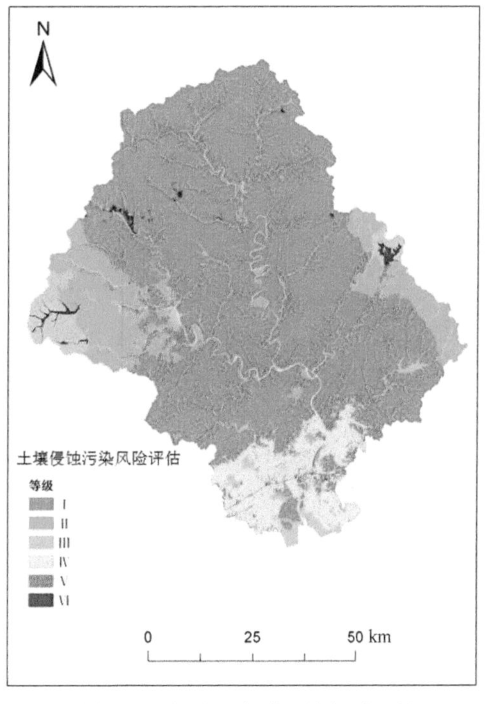

图 8-4　大洋河流域土壤侵蚀污染风险评估等级空间分布图

2. 土壤侵蚀风险分析

图8-4为大洋河流域土壤侵蚀风险评估等级空间分布图，Ⅰ级风险区域为流域上游的山地森林覆盖区及河口的芦苇湿地区，面积达到379 098.77hm²，占流域总面积的58.14%，为流域面积最大的土壤侵蚀风险等级区域。Ⅱ级风险区域

为东西两侧的山地森林区域及地表覆盖度较低的山地灌丛、草地区域，面积为 67 827.61hm^2，占流域总面积的 10.40%。Ⅲ级风险区域为流域范围内的城乡居民点及流域东西两侧山地上游的陡坡森林区域，面积达到 36 358.33hm^2，占流域总面积的 5.58%。Ⅳ级风险区域为流域下游的平原农田区及其河床区域，面积达到 52 656.76hm^2，占流域总面积的 8.08%，主要分布于大洋河流域下游的平原区域及其流域河谷河床地带。Ⅴ级风险区域为流域上游河谷平原的农田区域，面积达到 112 403.16hm^2，占流域总面积的 17.24%。Ⅵ级风险区域主要分布于大洋河流域东西两侧河谷坡地农田和山地矿山开采裸露区，这些区域地表覆盖度低，坡度陡，在强降水过程中极易发生土壤侵蚀，该区域面积为 3702.22hm^2，占流域总面积的 0.56%。

3. 农田化肥风险分析

大洋河流域农田化肥流失风险评估等级空间分布（图 8-5），Ⅰ级风险区域为大洋河流域范围内的非农田区域，总面积达到 493 268.67hm^2，占流域总面积的 76.92%，可见大洋河流域 70% 以上的区域为非农田区域。Ⅱ级风险区域为大洋河流域的雅河乡、红旗营子镇、宝山镇、小甸子镇、新农镇、红旗镇和白旗镇的农田区域，面积为 47 523.56hm^2，占流域总面积的 7.41%。Ⅲ级风险区域为大洋河流域范围内的沙里寨镇、黄土坎镇、石庙子镇、三家子镇、黄花甸镇、朝阳乡、兴隆镇、大营子镇、哨子河镇、岭沟镇和杨家堡镇的农田区域，面积达到 49 869.66hm^2，占流域总面积的 7.78%。Ⅳ级风险区域为大洋河流域范围的洋河镇、前营子镇、石灰窑镇、苏子沟镇、哈达碑镇、偏岭镇、韭菜沟乡、汤池乡、龙王庙镇和蓝旗镇的农田区域，面积达到 40 891.34hm^2，占流域总面积的 6.38%。Ⅴ级风险区域为大洋河流域的孤山镇、牧牛乡和大房身乡的农田区域，面积达到 1208.21hm^2，占流域总面积的 0.19%。Ⅵ级风险区域主要分布于大洋河流域的岫岩镇、黑沟镇和菩萨庙镇的农田区域，该区域面积为 8485.42hm^2，占流域总面积的 1.32%。

4. 人畜粪便风险分析

大洋河流域人畜粪便污染风险评估等级空间分布（图 8-6），Ⅰ级风险区域为大洋河流域范围内的非农田区域，总面积达到 485 345.72hm^2，占流域总面积的 74.43%，可见大洋河流域 70% 以上的区域为非人畜粪便污染的区域。Ⅱ级风险区域为大洋河流域中下游的白旗镇、红旗镇、蓝旗镇、小甸子镇、新农镇、黄土坎镇、龙王庙镇和哨子河镇的农田和城乡居民点区域，面积为 71 086.60hm^2，占流域总面积的 10.90%。Ⅲ级风险区域为大洋河流域范围内的雅河镇、杨家堡镇、岭沟镇、红旗营子镇、兴隆镇、哈达碑镇、宝山镇、黄花甸镇、大房身乡、汤池乡、石庙子镇、三家子镇、孤山镇和沙里寨镇的农田和城乡居民点区域，面积达到

60 564.36hm²，占流域总面积的 9.29%。Ⅳ级风险区域为大洋河流域范围的前营子镇、大营子镇和苏子沟镇的农田和城乡居民点区域，面积达到 11 656.21hm²，占流域总面积的 1.99%。Ⅴ级风险区域为大洋河流域的石灰窑镇、偏岭镇、韭菜沟乡和黑沟镇的农田和城乡居民点区域，面积达到 10 679.02hm²，占流域总面积的 1.64%。Ⅵ级风险区域主要分布于大洋河流域的岫岩镇、洋河镇、朝阳乡和牧牛乡的农田和城乡居民点区域，该区域面积为 12 714.95hm²，占流域总面积的 1.95%。

5. 大洋河流域总体污染风险分析

图 8-7 为大洋河流域非点源污染风险评估等级空间分布。Ⅰ级风险区为大洋河流域非点源污染风险最低的等级区，主要分布在大洋河流域上游中部的山地森林覆盖区及河口的芦苇湿地区，面积达到 402 824.11hm²，占流域总面积的 59.30%，为流域面积最大的非点源污染风险等级区域。Ⅱ级风险区为大洋河流域非点源污染风险次低的等级区，主要分布在流域东西两侧的山地森林区域及地表覆盖度较低的山地灌丛、草地区域，面积为 83 303.67hm²，占流域总面积的 12.26%。Ⅲ级风险区域为流域范围内雅河镇、杨家堡镇、岭沟镇、红旗营子镇、兴隆镇、哈达碑镇、宝山镇、黄花甸镇、大房身乡、汤池乡、石庙子镇、三家子镇、孤山镇和沙里寨镇、白旗镇、红旗镇、蓝旗镇、小甸子镇、新农镇、黄土坎镇、龙王庙镇和哨子河镇的城乡居民点及流域西侧山地上游的陡坡森林区域，城乡居民点在空间上分布于流域上游河谷平地和流域下游平原区域，面积达到 14 338.97hm²，占流域总面积的 2.11%。Ⅳ级风险区域为大洋河流域下游的新农镇、小甸子镇、黄土坎镇、龙王庙镇和红旗镇的平原农田区及其河床区域，主要分布于大洋河流域下游的平原区域及其流域河谷河床地带，面积达到 46 911.36hm²，占流域总面积的 6.91%。Ⅴ级风险区域为石灰窑镇、偏岭镇、韭菜沟乡、孤山镇、大房身乡、雅河镇、杨家堡镇、岭沟镇、红旗营子镇、兴隆镇、哈达碑镇、宝山镇、黄花甸镇、汤池乡、石庙子镇、三家子镇、孤山镇和沙里寨镇的农田和城乡居民点区域，面积达到 109 124.71hm²，占流域总面积的 16.06%。Ⅵ级风险区域主要分布于大洋河流域东西两侧河谷坡地农田、其他河谷陡坡农田和山地矿山开采裸露区，以及岫岩镇、洋河镇、朝阳乡、黑沟镇、菩萨庙镇和牧牛乡的农田及城乡居民点区域，该区域面积为 22 787.88hm²，占流域总面积的 3.36%。

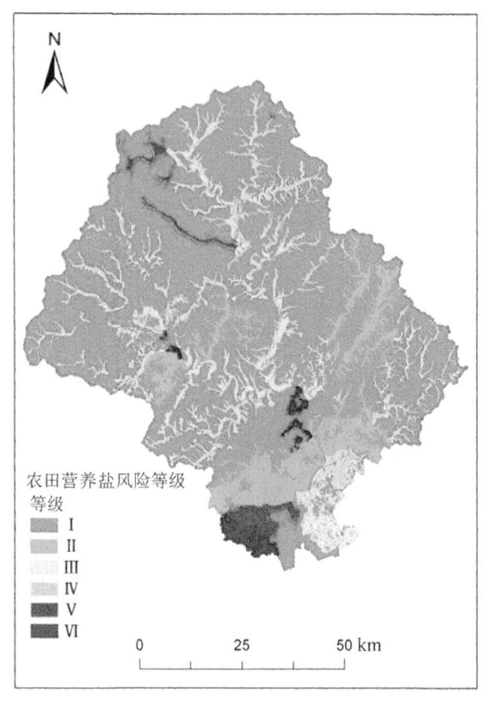

图 8-5 大洋河流域农田营养盐污染风险评估等级空间分布图

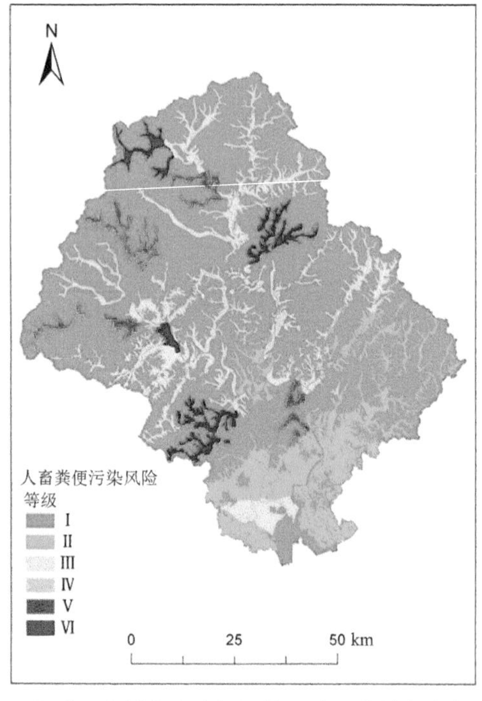

图 8-6 大洋河流域人畜粪便污染风险评估等级空间分布图

三、小结

如何控制营养元素氮、磷的流失成为流域非点源污染控制的主要内容，但由于流域非点源污染在发生上的随机性，排放途径及排放污染物的不确定性，以及污染负荷在时空分布上的差异性，对其监测、评估十分困难。本节基于卫星遥感影像和 GIS 技术提供的空间数据信息，监测评估流域非点源污染负荷及空间分布情况，选取径流、泥沙、农田化肥、人畜粪便 4 种非点源污染，构建了流域非点源污染的风险等级评估方法，对于流域非点源污染风险评估、管理与调控可提供技术参考。

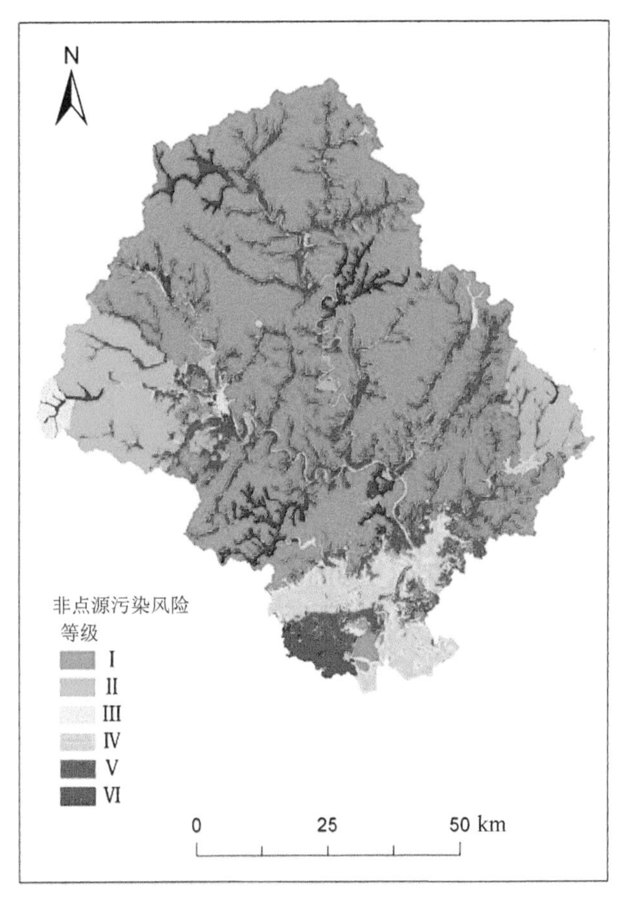

图 8-7　大洋河流域非点源污染风险评估等级空间分布图

第四节 河口湿地环境污染风险遥感监测与评估

环境污染风险监测与评估是防止污染事故、控制潜在污染的有效手段之一。目前，国内外环境风险评估工作主要集中于区域水环境污染风险评估、面源污染风险评估、地下水污染风险评估、城市重金属污染评估及生态因子污染风险评估等方面，评估方法多以单一指数模型或者综合污染指标来评估区域环境污染风险，数据主要以地面实地调查数据为主，从污染因子迁移转化规律及污染阈值方面给出风险评估结果。河口湿地空间结构错综复杂，受自然因素和人为因素双重影响，环境风险具有空间复杂性、综合性、模糊性等特点。遥感技术兼具时空优势，为河口湿地污染风险监测与评估提供了可行的技术途径，评估结果可为河口湿地保护与管理政策制订提供清晰直观的决策依据。

一、河口湿地环境污染风险识别数据与方法

监测数据包括 1958 年和 2008 年两期航空遥感影像、Spot-5 高空间分辨率卫星遥感影像。航空遥感影像空间分辨率为 2.0m。依据《滨海湿地信息分类体系》，结合河口区域特殊的地理单元，将河口湿地划分为 22 种类型，具体见表 8-1。在 GIS 支持下，采用人机交互目视判读方法，进行河口湿地类型斑块矢量信息的分类提取。对于复杂类型或疑点区结合野外验证、地形图对比和咨询当地群众等方法进行核实。在河口湿地类型斑块矢量信息修改核实的基础上进行拓扑查错，形成河口湿地景观类型。

表 8-1 景观类型及编码

类型	含义	编码	类型	含义	编码
海洋	低潮 6m 以外浅海水域	B21	果园	果园	A214
河漫滩	河漫滩、江心洲、沙洲	B112	围海养殖	在浅海区域的圈围养殖区域	C232
泥滩	高潮被淹没、低潮裸露的泥滩地	B12401	滩涂养殖	滩涂鱼、虾、蟹养殖水面	C231
水下三角洲	水下三角洲	B131	水田	水稻田	C11101
潮汐通道	潮沟	B12102	旱地	旱生作物用地	C11102

续表

类型	含义	编码	类型	含义	编码
芦苇湿地	芦苇沼泽	A13305	盐田	盐业用地	C221
河流	一级、二级永久性河流	B121	交通用地	主干公路、一般公路、田埂	C123
岛	基岩岛	B321	居民点	农村居民地	C121
水库坑塘	人工水库	C133	港口码头	渔业码头、商贸码头	C212
灌排沟渠	人工水渠，兼具道路功能	C131	工矿用地	矿山开采、油气开采、工业企业用地	C122
林地	自然林、人工林、稀疏林	A211	旅游基础设施	旅游设施用地	C241

二、河口湿地环境污染风险度评估方法

1. 评估指标

选择层次分析法（analytic hierarchy process，AHP）作为河口环境污染风险综合评估的基本方法。目标层为环境污染风险综合水平指数（S），准则层分为污染危害性和污染对象脆弱性。指标层按照准则层进行选择，污染风险危害性指标具体选择距居民点距离、距工矿企业距离、距农耕地距离；易污染对象分为水环境、潮滩底栖生境、林地、芦苇群落 4 个脆弱性生态因子，具体污染评估指标的分级赋值见表 8-2。

表 8-2　评估因子分级及权重

污染分级	分级	不易污染 0.2	轻易污染 0.4	中易污染 0.6	高易污染 0.8	极易污染 1	w_i
	A	> 5000m	4000m	3000m	2000m	< 1000m	0.36
	B	> 7500m	6000m	4500m	3000m	< 1500m	0.19
污染危害性	C	> 1000m	800m	600m	400m	< 200m	0.13
	D	> 1000m	800m	600m	400m	< 200m	0.09
污染脆弱性	E	> 2500m	2000m	1500m	1000m	< 500m	0.03
	F	> 5000m	4000m	3000m	2000m	< 1000m	0.05
	G	> 1000m	800m	600m	400m	< 200m	0.12

注：A. 距居民点距离；B. 距工矿企业距离；C. 距农耕地距离；D. 距潮沟距离；E. 距林地距离；F. 距芦苇湿地距离；G. 距水体距离 . 下同

2. 评估指标权重

评估指标权重的确定主要取决于各评估指标的重要程度及指标之间的相互关系，首先利用专家打分法确定两两指标间的重要程度，进一步获得指标间的重要性判断矩阵，并进行判断矩阵一致性检验（CR），经检验环境污染风险评估层 CR 值为 0.0010，准则层判断矩阵 CR 值分别为 0.0386 和 0.0359，各层 CR

值均小于 0.1 满足评估因子总排序一致性要求，借助 yaahp 软件最终获得各评估因子权重（表 8-2）。

3. 环境污染风险综合评估

根据各指标权重，采用加权求和的方法对河口环境污染风险综合水平进行评估，环境污染风险综合水平评估指数计算公式如下：

$$S=\sum_{i=1}^{n} w_i v_i \tag{8-2}$$

式中，S 为环境污染风险综合评估指数；n 为评估因子数量；v_i 为第 i 个评估因子赋值；w_i 为第 i 个评估因子权重。

三、大洋河口环境污染风险遥感监测与评估实证研究

1. 单因子环境污染风险空间分异特征

2008 年，大洋河口地区单因素环境污染风险危害强度呈现带状分布(图 8-8)，农耕用地＞居民点污染＞工矿企业污染，这说明大洋河河口区域仍处于以农耕活动为主，城市化与工业化水平不高，随着该区域经济的不断发展，其城市化与工业化污染可能会呈现升高趋势，相对而言易污染对象因子，则更多地体现区域自然环境脆弱性状态，芦苇湿地作为河口湿地重要的生态系统，其空间脆弱性呈空间聚集性，相对集中于水 - 陆交汇处，而其他易污染因子空间分布较为分散，这也说明了不同的易污染因子脆弱性空间分异存在差异性。

2. 环境污染风险综合水平时空动态

大洋河河口环境污染风险综合水平在 1958 ～ 2008 年呈增加趋势（图 8-9）。1958 年不易污染区面积占评估区域总面积的 46.56%，到 2008 年则下降至 9.02%，不易污染面积呈明显减少趋势；高易污染和极易污染区域 1958 年占评估区域总面积的 10.33%，2008 年则上升到 33.44%；轻易污染面积增加了 35.30%，而中易污染面积则降低了 20.84%（图 8-10），这主要是由于评估区域中易污染区域在几十年间随着人类活动强度的增加，逐渐转化为高易污染和极易污染区域。从统计数据来看，随着年限的增加环境污染风险总体水平呈上升趋势。

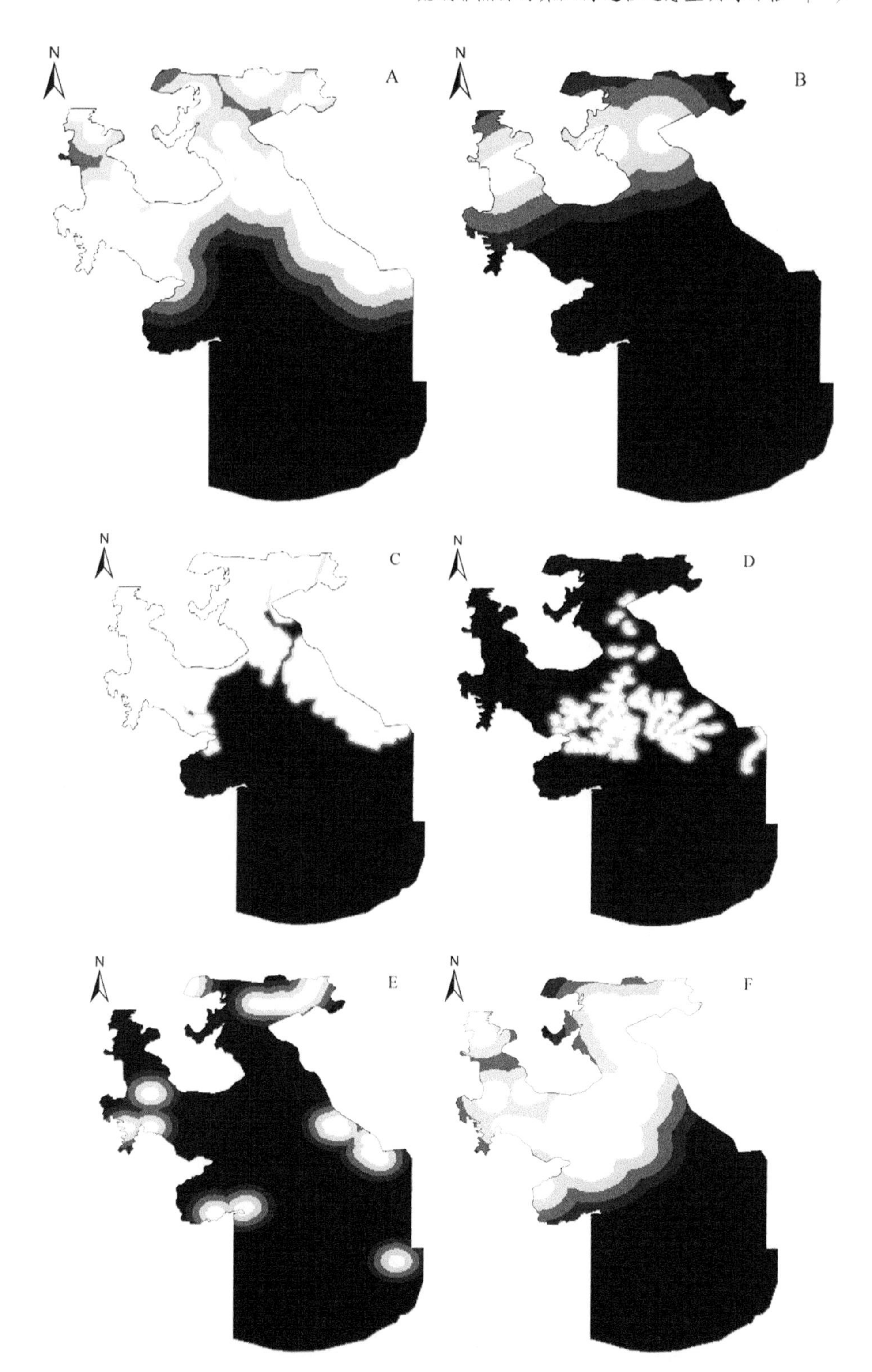
N
A
N
B
N
C
N
D
N
E
N
F

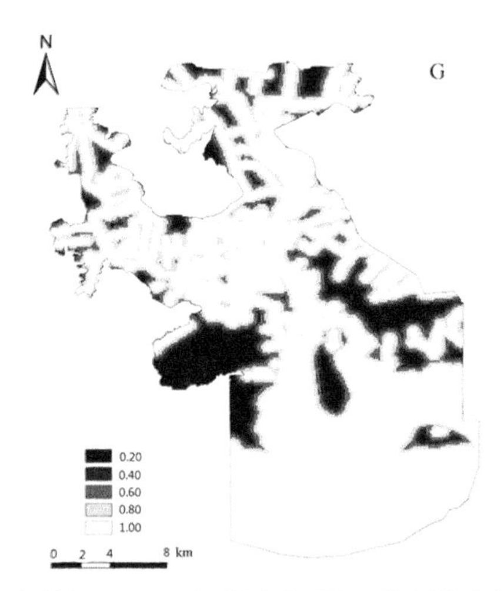

图 8-8 大洋河口 2008 年单因子污染风险评估空间分布图

A. 距居民点距离；B. 距工矿企业距离；C. 距农耕用地距离；
D. 距潮沟距离；E. 距林地距离；F. 距芦苇湿地距离；G. 距水体距离

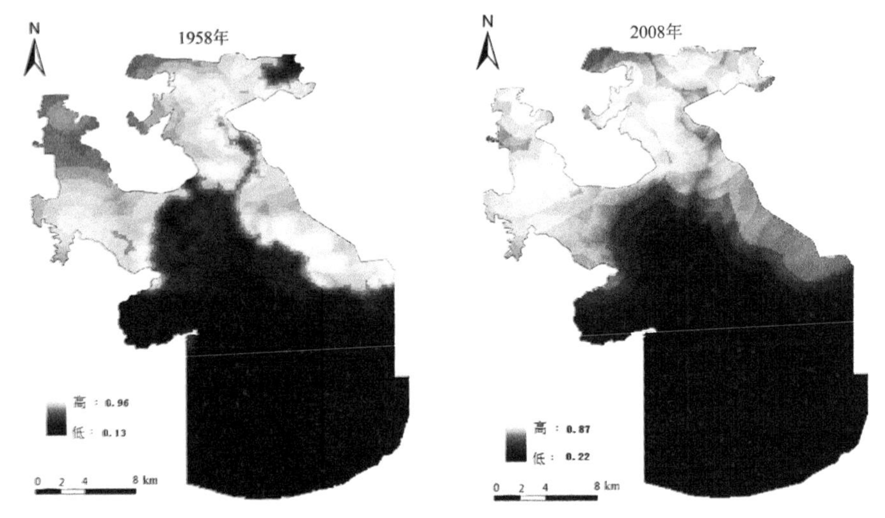

图 8-9 大洋河口 1958 年、2008 年环境污染风险综合水平（*S*）空间分布图

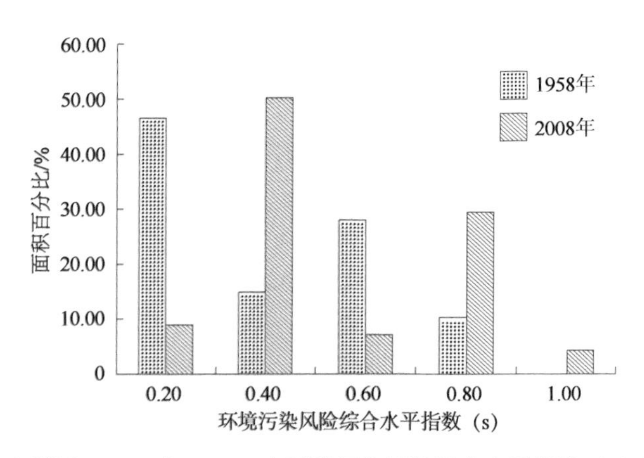

图 8-10　大洋河口 1958 年、2008 年环境污染风险综合水平指数（S）面积统计

环境污染风险综合水平空间分异特征与污染源及污染对象脆弱性空间分布具有紧密联系。在河口地区，环境污染风险等级呈带状分布，由陆向海呈逐渐降低趋势（图 8-8）。进一步将两期环境污染风险综合水平结果进行叠加运算，可以发现，环境污染风险指数增加的区域主要分布于向陆区域（图 8-11），主要集中于居民点、交通用地、农业用地及人类活动开发区域；而在外河口区域基本呈现未变化状态，而环境污染风险综合水平相对降低的区域主要集中于旅游基础设施建设区域，说明旅游基础设施开发活动在一定程度上会改善环境污染风险综合水平。

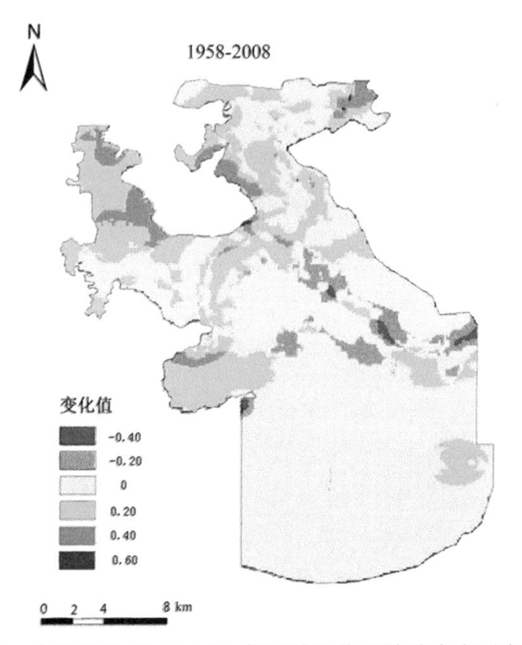

图 8-11　大洋河口 1958~2008 年环境污染风险综合水平变化图

3. 典型人类活动对环境污染综合水平的影响

环境污染风险综合水平的空间分异与人类活动密不可分。选择 4 种典型人类活动进行评估，包括人类居住活动、围海养殖活动、交通活动和旅游开发活动，从相关分析发现，环境污染风险综合水平指数升高区域除与旅游开发活动呈正相关外，与人类居住活动、围海养殖和交通用地均呈负相关（表 8-3）。说明旅游开发活动在一定程度上不会导致环境污染风险程度的增加，而人类居住活动、围海养殖和交通用地则会导致环境污染风险程度的升高，空间上距三者距离越近的区域其环境污染风险程度越高，主要是由居民点污染物排放、围海养殖造成的水体污染及交通用地导致的面源污染导致的。

表 8-3　典型人类活动与环境污染风险变化的相关关系

指标	相关性	H_1	H_2	H_3	H_4	S_C
H_1	Pearson 相关性	1.00	0.863**	0.938**	− 0.079*	− 0.363**
	Sig.（双侧 two tail）		0.00	0.00	0.02	0.00
H_2	Pearson 相关性	0.863**	1.00	0.880**	0.178**	− 0.272**
	Sig.（双侧 two tail）	0.00		0.00	0.00	0.00
H_3	Pearson 相关性	0.938**	0.880**	1.00	0.01	− 0.302**
	Sig.（双侧 two tail）	0.00	0.00		0.88	0.00
H_4	Pearson 相关性	− 0.079*	0.178**	0.01	1.00	0.402**
	Sig.（双侧 two tail）	0.02	0.00	0.88		0.00
S_C	Pearson 相关性	− 0.363**	− 0.272**	− 0.302**	0.402**	1.00
	Sig.（双侧 two tail）	0.00	0.00	0.00	0.0	

注：** $P < 0.01$ 水平显著，双侧检验；* $P < 0.05$ 水平显著，双侧检验；H1. 距居民点距离；H2. 距养殖池塘距离；H3. 距交通用地距离；H4. 距旅游基础设施距离；S_C. 变化值

四、小结

河口湿地空间结构复杂，污染类型多样，既有来自上游流域的污染物，也有河口区域人类活动排放的污染物，各类污染错综复杂，本节主要应用高空间分辨率遥感技术结合层次分析法，从遥感监测污染源危害性和易污染对象脆弱性空间分布入手，构建了河口湿地环境污染风险综合评估方法。这种监测与评估方法虽然在精确度上没有地面调查数据高，但能够从宏观上反映河口湿地环境污染风险空间分布趋势和环境污染风险综合水平的分异规律，结果可为河口区域的规划制订和污染防治措施的规划提供参考依据。

参考文献

柏延臣，王劲峰 . 2005. 结合多分类器的遥感数据专题分类方法研究 [J]. 遥感学报，9(5):555-562.

布仁仓，王宪礼，肖笃宁 . 1999. 黄河三角洲景观组分判定与景观破碎化分析 [M]// 肖笃宁 . 景观生态学研究进展 . 湖南 : 湖南科学技术出版社 : 136-139.

曹文志，洪华生 . 2001. GIS 在农业非点源污染模拟研究中的应用 [J]. 厦门大学学报（自然科学版），40（3）: 659-660.

曹宇，哈斯巴根，宋冬梅 . 2002. 景观健康概念、特征及其评估 [J]. 应用生态学报，13（11）:1511-1515.

陈吉余，罗祖德，胡辉 . 1985. 2000 年我国海岸带资源开发的战略设想 [J]. 黄渤海海洋，3（1）:71-77.

陈立明，王润生，李凤皋 . 2004. 基于合成孔径雷达回波数据的海岸线提取方法 [J]. 软件学报，15（4）:531-535.

陈泮勤. 2008. 中国陆地生态系统碳收支与增汇对策 [M]. 北京 : 科学出版社 : 35-42.

陈鹏，高建华，朱大奎，等 . 2002. 海岸生态交错带景观空间格局及其受开发建设的影响分析 : 以海南万泉河口博鳌地区为例 [J]. 自然资源学报，17（4）:509-514.

崔保山，杨志峰 .2003. 湿地生态系统健康的时空尺度特征 [J]. 应用生态学报，14（1）:121-125.

符素华，刘宝元，吴敬东，等.2002. 北京地区坡面径流计算模型的比较研究 [J]. 地理科学，22(5): 604-609.

高义，王辉，苏奋振，等 . 2013. 中国大陆海岸线近 30 年的时空变化分析 [J]. 海洋学报，35（6）:31-42.

高志强，刘向阳，宁吉才，等 . 2014. 基于遥感的近 30a 中国海岸线和围填海面积变化及成因分析 [J]. 农业工程学报，30（12）:140-147.

国家海洋局 908 专项办公室 . 2005. 海岛海岸带卫星遥感调查技术规范 [M]. 北京 : 海洋出版社 .

韩震，恽才兴 . 2003. 伶仃洋大铲湾潮滩冲淤遥感反演研究 [J]. 海洋学报，25（2）:58-63.

胡平香，张鹰，张进华 . 2004. 基于主成分融合的盐田水体遥感分类研究 [J]. 河海大学学报（自然科学版），32（5）: 519-562.

黄金良，洪华生，张洛平，等 . 2004. 基于 GIS 和 USLE 的九龙江流域土壤侵蚀量预测研究 [J].

水土保持学报，18（5）: 74-79.

黄昕，张良培，李平湘 . 2007. 融合形状和光谱的高空间分辨率遥感影像分类 [J]. 遥感学报， 11（2）:193-200.

蒋卫国，李京，李加洪，等 . 2005. 辽河三角洲湿地生态系统健康评估 [J]. 生态学报，25（3）: 903-908.

阚明哲，李薇，刘建国 . 2012. 高分辨率卫星遥感技术在城市规划管理领域的应用概述 [J]. 测绘与空间地理信息，35: 100-102.

李成范，尹京苑，赵俊娟 . 2011. 一种面向对象的遥感影像城市绿地提取方法 [J]. 测绘科学， 36（5）:112-120.

李怀恩，沈冰，沈晋 . 1997. 暴雨径流污染负荷计算的响应函数模型 [J]. 中国环境科学，17（1）: 126-132.

李怀恩，沈晋 . 1997. 流域非点源模型的建立与应用实例 [J]. 环境科学学报，17（2）: 141-147.

李天光，张耀光 . 1995. 辽宁省海岛的最新资料及意义——海岛分布、类型与环境特征 [J]. 海洋环境科学，14（1）:9-14.

李新宇，唐海萍. 2006. 陆地植被的固碳功能与适用于碳贸易的生物固碳方式 [J]. 植物生态学报，30（2）: 200-209.

辽宁省海岸带办公室 . 1989. 辽宁省海岸带与海涂资源综合调查报告 [M]. 大连 : 大连理工大学出版社 : 67-71.

刘百桥，孟伟庆，赵建华，等 . 2015. 中国大陆 1990—2013 年海岸线资源开发利用特征变化 [J]. 自然资源学报，30（12）:2033-2044.

刘宝银，苏奋振 . 2005. 中国海岸带海岛遥感调查——原则，方法，系统 [M]. 北京 : 海洋出版社 : 24-28.

刘枫 . 1988. 流域非点源污染的量化识别方法及其在于桥水库流域的应用 [J]. 地理学报，43（4）: 18-26.

刘纪远，张增祥，徐新良，等 . 2009. 21 世纪初中国土地利用变化的空间格局与驱动力分析 [J]. 地理学报，64（12）:1411-1420.

刘建军，王文杰，李春来 .2002. 生态系统健康研究进展 [J]. 环境科学研究，5（1）: 41-44.

刘青松，李杨帆，朱晓东 . 2003. 江苏盐城自然保护区滨海湿地生态系统的特征与健康设计 [J]. 海洋学报，25（3）: 143-148.

刘书含，顾行发，余涛，等 . 2014. 高分一号多光谱遥感数据的面向对象分类 [J]. 测绘科学， 39（12）:91-103.

栾维新，王壮海 . 2005. 长山群岛区域发展的地理基础与差异因素研究 [J]. 地理科学，5（3）:121-126.

马小峰，赵冬至，邢晓刚 . 2007. 海岸线卫星遥感提取方法研究 [J]. 海洋环境科学，26（2）:185-189.

梅雪英，张修峰. 2008. 长江口典型湿地植被储碳、固碳功能研究 [J]. 中国生态农业学报，16(2): 269-272.

欧阳志云，王效科，苗鸿 . 1999. 中国陆地生态系统服务功能及其生态经济价值的初步研究 [J]. 生态学报，19（5）:607-613.

彭建，王仰麟，刘松，等 . 2003. 海岸带土地持续利用景观生态评估 [J]. 地理学报，58(3):363-371.

任海，李萍，周厚诚，等 . 2001. 海岛退化生态系统的恢复 [J]. 生态科学，20（1）:60-64.

史培军，宫朋，李晓兵 . 2000. 土地利用覆被变化研究的方法与实践 [M]. 北京 : 科学出版社 : 105-123.

苏奋振 . 2015. 海岸带遥感评估 [M]. 北京 : 科学出版社 .

孙永光，赵冬至，吴涛，等 . 2012. 河口湿地人为干扰度时空动态及景观响应——以大洋河口为例 [J]. 生态学报，32（12）:3645-3655.

孙永光，赵冬至，吴涛，等 .2012. 河口湿地人为干扰度时空动态及景观响应——以大洋河口为例 [J]. 生态学报，32（12）:3645-3655.

索安宁，王兮之，林勇 . 2009. 基于遥感的黄土高原典型区植被退化分析 [J]. 遥感学报，13（2）:291-299.

索安宁，赵冬至，葛剑平 . 2009. 景观生态学在近海资源环境中的应用 [J]. 生态学报，9（9）:2289-2295.

索安宁，赵冬至，卫宝泉，等. 2009. 基于遥感的辽河三角洲湿地生态服务价值评估 [J]. 海洋环境科学，28（4）: 387-391.

陶超，谭毅华，蔡华杰，等 . 2010. 面向对象的高分辨率遥感影像城区建筑物分级提取方法 [J]. 测绘学报，39（1）:39-45.

陶丽华，朱晓东，桂峰 . 2001. 苏北辐射沙洲海岸带农业景观生态分析与优化设计 []J]. 环境科学，22（3）:118-122.

田波，周云轩，郑宗生 . 2008. 面向对象的河口滩涂冲淤变化遥感分析 [J]. 长江流域资源与环境，17（3）: 419-423.

王宪礼，肖笃宁，布仁仓，等 . 1997. 辽河三角洲湿地的景观格局分析 [J]. 生态学报，17（3）:317-323.

魏成阶，刘亚岚，王世新 . 2008. 四川汶川大地震震害遥感调查与评估 [J]. 遥感学报，12（5）:673-682.

邬建国 . 2000. 景观生态学 : 格局、过程、尺度与等级 [M]. 北京 : 高等教育出版社 : 96-119.

吴涛，赵冬至，张丰收，等 . 2011. 基于高分辨率遥感影像的大洋河河口湿地景观格局变化 [J]. 应用生态学报，22（7）:1833-1840.

伍光和 . 2002. 自然地理学 [M]. 北京 : 高等教育出版社 .

夏东兴 . 2006. 海岸带与海岸线 [J]. 海岸工程，25: 13-20.

肖笃宁，布仁仓，李秀珍 . 1997. 生态空间理论与景观异质性 [J]. 生态学报，17（5）:453-460.

肖笃宁，解伏菊，魏建兵 . 2004. 区域生态建设与景观生态学的使命 [J]. 应用生态学报，15（10）:1731-1736.

肖笃宁，钟林生 . 1998. 景观分类的生态学原理与评估 [J]. 应用生态学报，9（2）:217-221.

谢高地，肖玉，鲁春霞 . 2006. 生态系统服务研究：进展、局限和基本范式 [J]. 植物生态学报，30（2）:191-199.

谢高地，甄霖，鲁春霞，等 . 2008. 生态系统服务的供给、消费和价值化 [J]. 资源科学，30(1):49-58.

徐凉慧，李加林，李伟芳，等 . 2014. 人类活动对海岸带资源环境的影响研究综述 [J]. 南京师范大学学报（自然科学版），37（3）:124-131.

徐映雪，邵景力，杨文丰，等 . 2006. 基于 RS 和 GIS 的鸭绿江口滨海湿地分类及变化 [J]. 现代地质，20（3）:500-504.

许学工，彭慧芳，徐勤政 . 2006. 海岸带快速城市化的土地资源冲突与协调——以山东半岛为例 [J]. 北京大学学报（自然科学版），42（4）: 527-533.

杨帆，赵冬至，索安宁 . 2008. 双台子河口湿地景观时空变化研究 [J]. 遥感技术与应用，23（1）: 38-46.

杨世伦 . 2003. 海岸环境和地貌过程导论 [M]. 北京：海洋出版社 .

杨文鹤 . 2000. 中国海岛 [M]. 北京：海洋出版社 .

叶属峰，丁德文，王文华 . 2005. 长江口大型工程与水体生境破碎化 [J]. 生态学报，25(2):268-272.

恽才兴 . 2005. 海岸带及近海卫星遥感综合应用技术 [M]. 北京：海洋出版社 .

张耀光，胡宜鸣，高辛苹 . 2000. 海岛人口容量与承载力的初步研究——以辽宁长山群岛为例 [J]. 辽宁师范大学学报（自然科学版），4（1）:108-115.

章明奎 . 2005. 农业非点源污染控制的最佳管理实践 [J]. 浙江农业学报，17（5）: 244-250.

赵弈，吴彦明，孙中伟 . 1990. 海岸带景观生态特征及其管理 [J]. 应用生态学报，1（4）:373-377.

周为峰 . 2005. 基于遥感和 GIS 的密云水库上游土壤侵蚀定量估算 [J]. 农业工程学报，21（10）: 46-50.

左其华，窦希平，段子冰 . 2015. 我国海岸工程技术展望 [J]. 海洋工程，33（1）:1-13.

Arroyo L A，Healey S P，Cohen W B，*et al*. 2006. Using Object-oriented classification and high-resolution imagery to map fuel types in a Mediterranean region[J]. Journal of Geophysical Research-Biogeosciences，11:11-19.

Bakker T W M. 1990. The geohydrology of coastal dunes. *In*: Bakker W，Jungerius P D，Klijn J A，eds. Dunes of the European coasts[A]. Catena Suppl，18， 109-119.

Bird E C F. 1985. Coastline Change: A Global Review[M]. Chichester:Wily.

Carter R W G. 1989. Coastal Environment[M]. London，Academic Press: 559.

Chappell J. 1980. Coral morphology，diversity and reef growth[J].Nature，286:249-252.

Cleve C，Kelly M，Kearns F R，*et al*. 2008. Classification of the wild land-urban interface: A comparison of pixel and object-based classification using high-resolution aerial photography[J]. Computers，Environment and Urban Systems，32（4）:317-326.

Connell J H，Irving A D. 2008. Integrating ecology with biogeography using landscape characteristics: a case study of sub-tidal habitat across continental Australia[J]. Journal of Biogeography 35:1608-1621.

Costanza R，d'Arge R，de Groot R，*et al.* 1997. The value of the world's ecosystem services and natural cap ital [J]. Nature，387: 253-260.

Daily G C. 1997. Nature's Services: Societal Dependence on Natural Ecosystems[M]. Washington，D. C: Island Press.

Dellepiane S，Laurentiis R D，Giordano F. 2004. Coastline extraction from SAR images and a method for the evaluation of coastline precision[J]. Pattern Recognition Letter，25:1461-1470.

EI-Asmar H M，Hereher M E. 2011. Change detection of the coastal zone east of the Nile Delta using remote sensing[J]. Environmental Earth Science，62（4）:769-777.

Foody G M. 2002. Status of land covers classification accuracy assessment[J]. Remote Sensing of Environment，80:185-201.

Gburek W J. Sharpley A N. 1998. Hydrology control on Phosphorus loss from up land agricultural watersheds[J]. Environ Qual，27: 267-277.

Giancarlo B，Silvana D，Raimondo D. 2000. Semiautomatic coastline detection in remote sensing images[A]. Proc of the IEEE 2000 Int'l Geoscience and Remote Sensing Symp（IGARSS 00），Hawaii.

Hattori A，Kobayashi M. 2007. Configuration of small patch reefs and population abundance of resident reef fish in a complex coral reef landscape[J]. Journal of Insect Conservation，22（4）:575-581.

Jin X，Davis C H. 2005. Automated building extracting from High-resolution satellite imagery in urban area using structural，contextual and spectral information[J]. Journal of Applied Signal Processing，14:2196-2206.

Jong S L，Igor J. 1990. Coastline detection and tracing in SAR image[J]. IEEE Transactions on Geoscience and Remote Sensing，28（4）:662-668.

Kelly N M. 2001. Changes to the landscape pattern of coastal North Carolina wetlands under the Clean Water Act:1984—1992[J]. Landscape Ecology，16:201-224.

Lemunyun J L，Gibert R G. 1993. The concept and need for a Phosphorus assessment tools[J]. J Prod Agric，6（4）: 483-486.

Lufafa A，Tenywa M M，Isabirye M，*et al.* 2003. Prediction of soil erosion in a lake Victoria basin catchment using GIS based universal soil loss model[J]. Agrieultural Systems，76: 883-894.

Ma Z J，David S M，Liu J G，*et al.* 2014. Ecosystem management rethinking China's new great wall: Massive seawall construction in coastal wetlands threatens biodiversity[J]. Science，346

（11）:912-914.

Mandelbrot B B. 1967. How long is the coast of Britain[J]，Science，155:636.

Marsh W M. 2010. Landscape Planning: Environmental Applications[M]. NewYork: Wiley.

Mitchell J Q，Yamazaki H，Seuront L，*et al*. 2008. Phytoplankton patch patterns: Seascape anatomy in a turbulent ocean[J]. Journal of Marine System，69（4）:247-253.

Munyati C. 2000. Wetland change detection on the Kafue Flats，Zambia，by classification of a multi-temporal remote sensing image dataset[M]. Int J Remote Sensing，21（9）: 1787-1806.

Muradian R，Corbera E，Pascual U，*et al*. 2010. Reconciling theory and practice: An alternative conceptual framework for understanding payments for environmental services[J]. Ecological Economics，69: 1202-1208.

Nuuyen L D，Viet P B，Minh N T，*et al*. 2011. Change detection of land use and riverbank in Mekong Delta，Vietnam using time series remotely sensed data[J]. Journal of Resources and Ecology，2（4）:370-374.

Platt R V，Rapoza L. 2008. An evaluation of an object-oriented paradigm for land use/land cover classification[J]. The Professional Geographer，60（1）:87-100.

Sagheer A A，Humade A，Al-Jabali A M O. 2011. Monitoring of coastline changes along the Red Sea，Yemen based on remote sensing technique[J]. Global Geology，14（4）:241-248.

Saich P，Thompson J R，Rebelo L M. 2001. Monitoring wetland extent and dynamics in the Cat Tien National Park，Vietnam，using space-based radar remote sensing[M]. *In*: Geoscience and Remote Sensing Symposium. New York: IEEE Press: 3099-3101.

Schuerch M，Rapaglia J，Liebetrau V. 2012. Salt marsh accretion and storm tide variation: an example from a Barrier Island in the North Sea[J]. Estuaries and Coasts，35（2）: 486-500.

Shackford A K，Davis C H. 2003. A combined fuzzy pixel-based and object-based approach for classification of high-resolution Multispectral data over urban areas[C].*In*:IEEE，Transactions on Geoscience and Remote Sensing，41（10）:2354-2363.

Sharpley A N. 1995. Identifying sites vulnerable to PhosPhorus loss in agrieultural runoff[J]. J Environ Qual，24: 947-951.

Stanley O，James S. 1988. Fronts propagating with curvature-dependent speed: Algorithms based on Hamilton-Jacobi formulations[J]. Journal of Computation Physics，79:12-49.

Stow D，Lopez A，Lippitt C，*et al*. 2007. Object-based classification of residential land use within Accra，Ghana based on Quick Bird Satellite data[J]. International Journal of Remote Sensing，28（22）:5167-5173.

Su W，Li J，Chen Y，*et al*. 2008. Textural and local spatial statistics for the object-oriented classification of urban areas using high resolution imagery[J]. International Journal of Remote Sensing，29（11）:3105-3117.

Townsend P A，Walsh S J. 2001. Remote sensing of forested wetlands: application of multitemporal and multispectral satellite imagery to determine plant community composition and structure in southeastern USA[J]. Plant Ecology，157: 129-149.

Weng Q H. 2002. Land use change analysis in the Zhujiang Delta of China using satellite remote sensing，GIS and stochastic modeling[J]. Journal of Environmental Management，64: 273-284.

Young M A. 2014. A landscape ecology approach to informing the ecology and management of coastal marine species and ecosystem[D]. California: University of California Santa Cruz.

Zhang Y，Chen S L. 2010. Super-resolution mapping of coastline with remotely sensed data and geostatistics[J]. Journal of Remote Sensing，14（1）:148-164.